U0908520

文化藝術出版社
Culture and Art Publishing House

一代会胜过一代

Later waves are never weaker than the former

创业，且听马云说了什么

优米网 编

目录

一代会胜过一代

2010年12月6日
在首都对外经贸大学演讲

每一代人都会告诉你，我们比你们那一代难多了，每一代人都会这么说，但都超过了上一代。

什么是伟大的事？伟大的事就是无数平凡、重复、单调、枯燥地做同一件事情，就会做成伟大的事情。

马云能成功，中国80%的年轻人都能成功。

要想成功一定要永不放弃，克服各种困难，但是你学会放弃的时候你才开始进步。

我坚信不移地认为，我们80后要比70后、60后、50后更加成熟、更加成长、更有希望。

我坚定不移地认为，你们会为我们、为这个国家、为中国找回价值体系，而这才是中国真正腾飞的时代，永远是如此，一代胜过一代。

第二讲

年轻人需要正气

2011年杭州网商大会闭幕式上的总结

我们今天问到的问题，许多年轻人没有自己的主见，没有自己的信仰，没有信任，没有感恩，没有敬畏，不改变自己，我不想批判，因为我们没有权利、没有资格批评80后、90后，我对他们充满信心，但是今天展现出的问题我们都有过。

首先我要感恩。其次我有敬畏之情。

社会需要正气，社会需要感恩，社会需要敬仰，社会更需要变革。

马云写给儿子18岁生日的建议：第一条建议，永远用自己的眼光思考问题，不能别人说东就是东，别人说西就是西。第二条建议就是，永远积极乐观地看待未来。

第三讲

学会在危机中感恩

2011年在宜兴企业家论坛上的演讲

我觉得我们现在是真正地处在一个充满危机的时代，而在危机的核心、在危险之中才有机会。

人经历挑战、经历危机，是一种巨大的缘分。

我们必须有不同的思考、不同的试验，所以我们有时觉得，不是做得更全面、更好，而是做得更加独特，以不同的视角去看待这个世界。

我们今天做企业，理想主义和现实主义的高度的结合才能让我们走下去。没有理想主义，不能引导我们未来；没有现实主义，我们活不过今天。

我们永远坚信：客户第一，员工第二，股东第三。员工应该是最具幸福感的员工，企业必须打造员工的幸福指数。

就像每一代人超过前一代的人一样，80、90后他们将承担起解决这个社会的很多问题。

我很痛苦，很纠结，很愤怒（代序）

马云致全体阿里巴巴人的公开信

这是我们成长中的痛苦，是我们发展中必须付出的代价，很痛！

我们必须采取措施捍卫阿里巴巴价值观！

这是一个好时代，这是一个谁都不愿错过的时代！坚持理想、坚持原则能让我们成为这个时代中的时代！

各位阿里人：

大家已经看到了公司的公告，董事会已经批准B2B公司CEO卫哲、COO李旭晖引咎辞职的请求，原B2B公司人事资深副总裁邓康明引咎辞去集团CPO，降级另用。

几个月前，我们发现B2B公司的中国供应商签约客户中，部分客户有欺诈嫌疑！而更令人震惊的是，有迹象表明直销团队的一些员工默许甚至参与协助这些骗子公司加入阿里巴巴平台！

为此，集团迅速成立了专门小组，经过近一个月的调查取证，查实2009、2010年两年间分别有1219家（占比1.1%）和1107家（占比0.8%）的“中国供应商”客户涉嫌欺诈！骗子公司加入阿里巴巴平台的唯一原因是利用我们十二年来用心血建造的网络平台向国外买家行骗！同时查实确有近百名为了追求高业绩高收入明知是骗子客户而签约的直销员工！

对于这样触犯商业诚信原则和公司价值观底线的行为，任何的容忍姑息都是对更多诚信客户、更多诚信阿里人的犯罪！我们必须采取措施捍卫阿里巴巴价值观！所有直接或间接参与的同事都将为此承担责任，B2B管理层更将承担主要责任！目前，全部2326家涉嫌欺诈的“中国供应商”客户已经全部做关闭处理，并已经提交司法机关参与调查。

阿里巴巴从成立第一天起就从没以追逐利润为第一目标，我们决不想把公司变成一家仅仅是赚钱的机器，我们一直坚守“让天下没有难做的生意”的使命！客户第一的价值观意味着我们宁愿没有增长，也决不能做损害客户利益的事，更不用提公然的欺骗。

过去的一个多月，我很痛苦，很纠结，很愤怒……

但这是我们成长中的痛苦，是我们发展中必须付出的代价，很痛！但是，我们别无选择！我们不是一家不会犯错误的公司，我们可能经常在未来判断上犯错误，但绝对不能犯原则妥协上的错误。

如果今天我们没有面对现实、勇于担当和刮骨疗伤的勇气，阿里将不再是阿里，坚持102年的梦想和使命就成了一句空话和笑话！

这个世界不需要再多一家互联网公司，也不需要再多一家会挣钱的公司；

这个世界需要的是一家更加开放、更加透明、更加分享、更加责任，也更为全球化的公司；

这个世界需要的是一家来自于社会、服务于社会，对未来社会敢于承担责任的公司；

这个世界需要的是一种文化，一种精神，一种信念，一种担当。因为只有这些才能让我们在艰苦的创业中走得更远，走得更好，走得更舒坦。

令人欣慰的是，这次调查中我们发现绝大多数直销同事面对诱惑坚守住了原则，我很欣慰，在这里向他们致敬！我们更要感谢在面对这类事件中勇于站出来抗争的同事们，在他们身上我们看到了坚持诚信的勇气和原则的力量。我们看到了阿里的未来和希望！我们需要更多这样的阿里人！成非凡之事者，必须有非凡之担当！

卫哲和李旭晖的辞职是公司巨大的损失，我非常难过和痛心。但我认为作为阿里人，他们敢于担当、愿意承担责任的行为非常值得钦佩。我代表公司，衷心感谢他们对公司付出的不懈努力和贡献。

各位阿里人，B2B董事会任命陆兆禧兼任阿里巴巴B2B公司CEO；集团任命彭蕾兼任集团CPO。希望大家全力配合工作，相信我们可以让自己的公司更与众不同！

这是一个好时代，这是一个谁都不愿错过的时代！坚持理想、坚持原则能让我们成为这个时代中的时代！

If not now？ when？！

If not me？ who？！

此时此刻，非我莫属！

马云

2011年2月21日

此封公开信的事件原因：

2011年2月21日下午，阿里巴巴B2B公司CEO卫哲、COO李旭晖因公司销售团队部分员工涉嫌欺诈客户而引咎辞职，阿里巴巴董事会主席马云就此向公司内部发布公开信，再次高度强调诚信、责任、担当以及客户第一的价值观，以整肃阿里巴巴的价值观。

第一讲 一代会胜过一代

2010年12月6日，在首都对外经贸大学演讲

每一代人都会告诉你，我们比你们那一代难多了，每一代人都会这么说，但都超过了上一代。

什么是伟大的事？伟大的事就是无数平凡、重复、单调、枯燥地做同一件事情，就会做成伟大的事情。

马云能成功，中国80%的年轻人都能成功。

要想成功一定要永不放弃，克服各种困难，但是你学会放弃的时候你才开始进步。

我坚信不移地认为，我们80后要比70后、60后、50后更加成熟、更加成长、更有希望。

我坚定不移地认为，你们会为我们、为这个国家、为中国找回价值体系，而这才是中国真正腾飞的时代，永远是如此，一代胜过一代。

主持人（王利芬）：谢谢各位，刚才在这个幕布升起的那一刹那，想起的是《赢在中国》的主题曲《在路上》。这个时候我觉得很像恍然又回到了三年以前《赢在中国》大决赛的场面，时间真快，三年过后创业的热情依然这么高。

各位观众朋友大家晚上好，大家大声说一下我们在哪里？

观　众：对外经贸大学。

主持人：这比我说的效果好多了对不对？好的，那么今天我们要首先感谢利安适品牌对本节目的大力赞助，要感谢北京电视台、土豆网、激动网、凤凰网、开心网、金融界、56网、乐视网等媒体的同步直播和大力支持，谢谢你们!

为了改正刚才的错误，我要把本大学的校名再念一次，让这个校名深入人心，让明年招到更好更优秀的学生。本节目是在对外经济贸易大学的图书馆报告厅和宁远三层国际会议厅现场直播，谢谢同学们的辛苦付出。今天我来的时候看到许多同学在寒风中，因为站票在那里等待，所以我非常地感动，我给大家鞠一躬，谢谢你们!

在马云上台之前，我想跟大家说一句介绍的话，就是说他这两天一直在生病，而且浑身疼痛。实际上是带病来跟大家交流，我在上台前我说没关系，你怎么坐都好，是不是同学们？OK，我们欢迎马云。

这个对话的场面是我见过的布置得最完美的场面，也是最棒的对话的讲台，你们这个学校真的非常聪明看过去特棒。

好，马云，虽然大家都非常熟悉你，但是今天我们是在录制一场特别节目《在路上》——马云与中国80后的对话。在这个对话之前，我们设计了一组“普鲁斯特问卷”，这个问卷实际上是对你心灵一个描画和价值观的考量，这样一些问题要快问快答，然后接下来再回答其他问题。好吧？

“普鲁斯特问卷”实际上是一组对你价值观和人生观进行描画的这样一个问卷，但是快问快答之前，你先以两句话描述你看到这样的场景和刚才整个这段时段的心情。

马　云：第一句话感谢对外经贸大学、优米网，第二句话还是特别感谢大家这么冷的天过来跟我们交流，感谢大家！

主持人：好，我们接下来开始“普鲁斯特问卷”，有请第一位同学。

普鲁斯特问卷

观　众：您好！请问您认为最完美的快乐是怎样的？

马　云：最完美的快乐，我觉得我所有的朋友、我的亲戚、我的同事，他们觉得和我在一起很幸福，我会觉得很快乐。

观　众：您最希望拥有哪一项才华？

马　云：我对任何的困难我能够不担心，对于任何的快乐我不会迷失自己。

观　众：请问您最恐惧什么？

马　云：最恐惧什么？我最恐惧什么，好像没有什么东西是我最恐惧的。

观　众：请问还在世的人中，您最钦佩的是谁？

马　云：在世的人中我最钦佩的是谁？

主持人：没有。

马　云：我其实钦佩的人很多，最钦佩的是谁这个人很难说，有很多人我很钦佩。

主持人：不妨列一下这一串名字。

马　云：大家知道我挺钦佩金庸的。

主持人：还有？

马　云：王利芬。

主持人：这是对我的鼓励。好，谢谢。

观　众：请问哪一个品质您觉得最痛恨？

马　云：哪一个品质我最痛恨？

观　众：对。

马　云：我好像没有什么品质最痛恨的，任何品质都有好和坏，哪怕是不好的品质我也用欣赏的眼光去看它。

观　众：请问您最珍惜的财产是什么？

马　云：时间。

观　众：请问您对自己的外表哪一点不满意？

马　云：年轻的时候我挺不满意，现在我都挺满意的。

观　众：您最后悔的事情是什么？

马　云：很多事情我来不及做。

观　众：对于男性身上的品质您最喜欢哪一个？

马　云：乐观地看待这个世界。

观　众：请问您最喜欢女性身上的什么品质？

马　云：乐观地看待我。

观　众：请问您最痛苦的经历是什么？

马　云：我忘了。

观　众：请问您最看重朋友身上什么样的品质？

马　云：信任。

观　众：请问您这一生中最爱的人是谁？最喜欢的东西是什么？

马　云：最爱的人，太太、女儿、儿子。

观　众：请问您在何时何地让您感觉到最幸福？

马　云：现在。

观　众：请问如果您可以改变您的家庭的一件事，您最希望改变什么呢？

马　云：我没什么东西要改变，我觉得挺好。

观　众：如果您能够选择的话，您希望什么可以重现？

马　云：我想有机会跟邓小平交流一下。

观　众：马云先生请问您的座右铭是什么？

马　云：永不放弃。

观　众：谢谢。

为什么想跟邓小平抽支烟？

主持人：我个人特别想追问一个问题，就是说如果邓小平现在就在你面前，你跟他怎么个交流？想问什么？

马　云：其实他就在我面前的话，我觉得我最想，也没什么想问，就是跟他抽支烟喝杯茶，有个半个小时我觉得挺好。

主持人：一句话也不说吗半个小时？

马　云：其实半小时也说不了什么话，但是我觉得他的经历几起几落，在关键的人生最重要的这个几年，很多人觉得应该退休不干了，他却把整个国家改变过来，我觉得是相当了不起的。一个人，你们现在80后、90后没这个感觉，人到年龄大的时候，身体是越来越疲惫，你心里想干的其实你是干不动，但你要想到是改变十几亿人的生活，改变整个世界，其实很辛苦的。有的时候是违背自己身体的能力，而且你知道你要改的是一个很长、很悠久的历史，很强文化的一个国家相当不容易，你怎么去改，所以我觉得钦佩之极。 我是代表我们这一代人感谢一下他，陪他抽根烟。

主持人：你好像是不抽烟的对吧？

马　云：偶尔也抽。

主持人：对。偶尔就是见邓小平这样的抽烟者的时候，这种最重大的时候注视一下。好，接下来我相信大家迫不及待地想跟马云面对面地提问和交流，那么就是有问题的朋友可以走到两边的麦克风后面，然后提出你们的问题。好吗？请。

坚持未必是对，圆滑未必是错

观　众：马云您好，刚才那封信就是我交给您了，首先要预祝您身体健康早日康复。我这几天看您的视频看太多了，现在有点近视，离这么远我完全看不见，今天王利芬老师您也说了是与80后面对面，我感觉我现在面对的就是下边这位美女看不到马云，我能不能站到和您那样的位置和他面对面地交流一下。

主持人：由于制作的问题，你还是用近视眼远看一下吧。

观　众：好的。我有一个问题，我是从天津赶过来的，我是天津大学大二的在校学生。现在我在门口开了家店，叫“天商淘宝屋”，希望没有盗用您的域名。然后我代表我们“天商淘宝屋”的五个创始人，首先对您的到来表示感谢！然后有一封信，这封信特别重要，希望能亲手交到您手上，不知道可不可以？

主持人：先提问题，信交给我们制作人员，我们随后转交。

观　众：我的问题是我本身是个比较直率的人，但是随着年龄的增长或者人际交往的加强，逐渐会有人要求你变得圆滑或者是事故，你到底是遵从自己的本性还是社会主流大众给你的价值观，你应该遵循这种还是按照你原来的路继续走？

主持人：问题很好，谢谢。

马云语录

能够当一个好老板的人未必是好员工，但要想当一个好老板他首先应是一个好员工。不想当将军的士兵不是好士兵，但是一个当不好士兵的将军一定不是好将军。

马　云：第一，这两个事别对立起来，你自己坚持的东西未必是对的但也未必是错的。社会大众的也未必是对也未必是错。对你来讲，是选择这个还是选择那个的时候，你选择正确的事情。我其实也一样，你说我圆滑了吗？其实我不算太圆滑，刚才你在排队的时候，我就觉得慢慢讲，但是要讲出自己想问的问题，前面的很多废话就别讲了。这是我不圆滑我心里很想说，但是我圆滑我是给你个面子我就不说了，这是我的看法。

所以，我觉得社会在不断地变革，你也要不断顺应这个社会。当然你的价值是，请问有我在和没有我在有什么区别？我对这个社会有什么贡献？对边上的人有什么贡献？我对我的企业有什么价值？对我开的小店有什么价值？这是你要思考的问题。

文化产业不能做“孔乙己”

观　众：我有两个问题，第一个问题是，最近有一条新闻说您减持了华谊的股票，然后他们的答复是，您需要这笔钱然后改善生活，对这个您有什么看法？第二个问题是现在假淘宝的网站特别特别多，您对于这方面有一些什么样的做法？

马　云：OK，我对你问的第一个问题比较感兴趣一点，关于华谊减持的股票。首先对文化产业、电影电视我是特别感兴趣。当然我在外面看到的那些报道数据很多都是不准确的，什么我投资了多少，我钱不够了，以及我改善生活。我觉得我生活挺好，不需要改善我觉得很舒服，我也吃不了什么穿不了什么。

我对电影电视感兴趣的主要的原因，因为电影电视曾经影响了我们这代人，我也相信在未来二十年以内会影响更多人。我担心最多的事，也是我们中国今天的高速发展，文化产业起不来就等于一个人有了钱但没有文化那是暴发户，迟早要倒下去。所以我觉得文化产业要起来，而文化产业里面有很大的问题。很多文化人不愿意用商业的手段，文人如果看不起商人，看不起商业的手段那最多就是孔乙已，排出九文大钱这个国家也没希望，所以我们如何把它善意地结合。

加入华谊以后，我觉得我为华谊深深感到骄傲。这五年以来我进去的五年，我看到华谊拍了《天下无贼》、《集结号》、《士兵突击》，在全国人民非常悲痛的时候拍了《非诚勿扰》，也拍了《唐山大地震》，我深以为豪，能参与这样的公司，对中国人的思想进行一些影响，我觉得投资这样的很好，但是毕竟是投资。

大家知道投资跟捐款是有区别的，投资一定是要回报的，如果你投进去不能回报的话那是捐款，这是两个概念。我投资华谊但是中国一个华谊是绝对不够的，中国需要20、30甚至100个华谊这样的公司来弘扬中国的电影、电视剧和所有的一切。假如我投的华谊不能卖股票，那么李谊、王谊、张谊这样的公司怎么办？我们要推广的是文化产业，电影电视剧，对我来讲我要做的事太多，想做的事情也很多，这样钱不是我的。从第一天开始我就没有认为阿里巴巴的钱是我的，我马云的钱是我的。我花不了多少钱，我一年花钱很少，我也不购物。

这个钱是社会委托了我，委托了我们这个团队把它投资下去。所以假如创业板的目的是做创新的话，我现在觉得很多媒体挺逗，包括很多网民也挺逗，好像卖了股票像犯了大罪似的。创业板的目的是什么？是支持创新。如果说你买了股票不许卖，请问谁再去买股票？谁再去做投资？因为你投了不许卖了，卖了全国人民骂你，乱了套了，以后就没有人去做创业板，没有人敢上市没有人会投资，这对创新行业一定是打击。

所以我想告诉大家，股票是用来买卖的。有人为了股票换生活，对我来讲已经过去了，我觉得改善社会的生活是我要做的事。至于淘宝的假店太多，我告诉你一定会有，这世界有很多东西你不爽，有人说淘宝假货很多，淘宝制造假货。淘宝制造假货吗？淘宝不制造假货，是社会上假货很多淘宝上最容易被发现而已。我的职责是把这些假货给抓出来，其实你到任何一个商场去买，你有可能都是假货，但是你只是没有检查、没有怀疑、没有想而已，今天淘宝告诉你有人在卖假货，我们可以采取一些行动。

马云一身的行头到底值多少钱

主持人：是这样，由于要问问题的同学非常多，你有两个问问题的机

马云语录

一个创业者最重要的，也是最大的财富，就是你的诚信。

会已经非常不错了。刚才马云讲到了钱的问题和改善生活的问题，请我们导播给一个镜头，把马云全身从上到下摇一遍，大家猜一下他这身行头的价格，摇一遍给我们广大的网民观众看一下，他穿的是什么？大家能够集体报一下，觉得这一身大概多少钱吗？多少？

马　云：我不知道。这个裤子是我自己做的，到店里去做的，这个鞋我是在淘宝网上买的，因为我觉得我喜欢，其实像我这样的人，长成这个样子穿什么也穿不好了。所以我只求自己舒服。这个鞋我在淘宝上买，我觉得我买了以后，至少在三区有个老太太在做鞋的时候，她多了份工作，我觉得心里踏实。

我这件衣服是我太太买的，她觉得你出去的时候，因为我不喜欢穿西装打领带，我确实不会讲话的，穿了西服彻底完了。她说你喜欢什么？我喜欢明亮一点的，所以只要明亮的一会儿穿黄色的，一会儿穿红的，一会儿穿绿的，一会儿穿白的，这就是我自己觉得我舒服就好，值多少钱？我觉得它值很多，太太买的一定值钱。对吧？老太太做的我觉得也值钱，因为你给别人家的是个希望，别人因为这个而生活，今天多了份定单，这种感觉要比钱珍贵多了。裤子也一样。

所以我觉得生活就是这样，你们能吃什么穿什么呢？我不相信我穿 LV 今天就帅一点。

主持人：我告诉大家，揭密一下马云以前穿什么，因为大家实实在在真看到他的时候不是特别多，我看到比较多，其实他以前穿的比这个糟多了。

马　云：现在有点品位了。

主持人：现在有点味道了。以前的衣服真的都是的确良的衬衣。我们在达沃斯开会的时候，他基本上没有吃早饭的习惯。非常有意思，因为我们开会比较急，就是到了下午的时候说，今天早上也没吃中午也没吃，经常是这样的，所以应该说他改善生活的这样一个追求，可能还真是没有，这是我补充一下。

我父亲说我早生二十年就抓进去了

观　众：您好马云。我有两个问题要问您，一个是其实现在的社会它是在进行一个变化，您当时创业的时候是一种情况，现在是

马云语录

我觉得创业者很重要的一点，不是你的公司在哪里，有时候你的心在哪里，你的眼光在哪里更为重要。

另外一种情况。如果您现在的情况却一无所有了，您还有这个豪言敢说自己要去做一个创业教父吗？这是第一个问题。

马　云：第一，我不知道创业教父是什么东西？我从来没有想做过创业教父。第二，每一代人都会告诉你，我们比你们那一代难多了，每一代人都会这么说，但都超过了一代。有一点可以肯定地说，我各方面的能力要比十年以前的我要能干多了，但是假如我回到十年以前，按照今天的能力十年以前重新走一遍我一定走不过来。很多天时地利人和的事情过去了。我今天觉得大家看到的是今天的我，我很希望大家看到十年以前的我。十年以前的我跟在座的人没什么区别，很多方面比你们还糟糕。我有好几次考大学的时候想考对外经贸大学但是考不上，这是我十个理想中的大学之一，但我没考上。考上的人很多。这十年走下来，很多的错误犯了，我相信我犯的很多错误绝大部分的人都犯过，绝大部分的人犯的错误我也犯过，但是我没犯的错误我淘出来的东西，我自己也说不清楚为什么会淘出来，这是讲实话。我不想说自己有多么能干，没有我的团队没有这个时代，没有互联网没有中国的改革开放没有邓小平什么都没有。

我父亲跟我说过我早生二十年就给抓进去了。晚生二十年我会坐在这跟那个马云对话。但是这就是今天时代给的机会，每个人都有自己的机会。别告诉我，今天比你十年以前要难多了，越来越容易。总是机会你如果去找一定是机会，你不要埋怨这个世界上充满这些东西。所以我想假如回到十年以前，我还会走这条路。但会不会这样走？我这两天讲，我在看到支付宝六年以前，我决定做支付宝。前两天我听支付宝的会议，我听得胆战心惊，我听不懂，两天内我没有听懂他们讨论的问题，无论是技术的、安全的、设施的、合作伙伴的，尤其是技术方面安全体系，我越听越恐慌，我在问自己这个问题，六年以前我知道会那么复杂还会干吗？我估计我不敢干，那个时候是无知者无畏我就干了，干到现在搞得这么大，没办法只能搞下去了。

什么事情是浮云

观　众：好。我的第二个问题是这样，我相信在座所有的学生都听到一句话，就是“什么都是浮云”，这句话您也说过，但实际上我们一乐而已，我想说的是，在您眼里什么是浮云什么不是？

马　云：如果你不去把这个事情变成现实，什么都是浮云。假如你愿意从今天开始改变自己一点一滴去做，那就不是浮云。我是这么觉得。我有时候很浪漫想很多事，但我要问自己愿不愿意自己立刻马上现在去改，如果我愿意它会变成真的东西。大家觉得马云很能讲话很能忽悠很能包装，我不是包装出来的。我站在这，我背后有22000名优秀的员工，很多人现在还在上班，是他们干出来的，我只是替他们讲话而已，他们绝不是浮云。

我喜欢平凡的人

观　众：我本来准备了三个问题，但是我把它浓缩成一个问题。众所周知您创业初期的十八罗汉的团队是非常令人羡慕的创业团队，您怎么判断核心团队成员的标准？对于核心团队成员的标准是什么在您心目当中？另外您是如何培养他们的？同时您又是如何留住他们的？因为现在这个问题正困扰着我和我的核心团队？

马　云：OK，好问题。我选择的核心团队，其实就像我选择员工，员工选择我一样。我选择什么样的员工，我选择平凡的人，什么是平凡的人？就是没把自己当精英的人。我不喜欢那些精英，精英眼睛都长在这。我不喜欢那些把自己看得很聪明的人，我觉得有的人说我智商特高，一般说自己智商高的人情商都低。因为这个世界没有一个人可以真正做成事，你离得开谁，边上很多人在帮你。

所以我要找的员工是平凡的人。什么是平凡的人？有平凡的梦想。我要找的员工首先他要有梦想，什么是梦想？不是要为社会主义奋斗终生改变全人类。个人的梦想那就是我买房、买车、我要娶老婆、我要生孩子，这是人最基本的梦想，因为这些梦想真实，为自己所干，我觉得这样的员工我喜欢，实在；在自己完成的情况下说，我也可以为别人干点事，这样的员工特别实在。

所以我十八个团队的人，基本上我没有发现一个包括我在内，说我们特别出息特别能干，我们都是平凡的人。平凡

马云语录

初创企业都希望迅速做大做强，但第一个想法应该是做好，而不是做大。

的人在一起做一件不平凡的事。什么是伟大的事？伟大的事就是无数平凡、重复、单调、枯燥地做同一件事情，就会做成伟大的事情，所以我们十八个人就这样。

我是怎样培养他们？换句话说是互相的他们培养了我，我跟他们一起共事我觉得毕生荣幸，能够跟他们共事因为他们信任了我。很多人在公司里经常问的是，我缺资源假如我有这样的人，假如我有这样的设备，假如我有这样的事我就会了不起。什么事情加入“假如”两个字等于没得说，公司里最大的资源就是信任，你跟你的团队是不是互相信任？他们帮助了我很多，我怎么留住他们？我从来没留过他们。你问阿里巴巴十年以来22000名员工，离开的也有10000名左右了，我一下子记不清楚，我从没留过任何人。

我在问我们留住的员工，他们是为我们第一天所达成的共同的使命目标，他们不是为马云工作，而是为我们共同确定的目标工作，我也为这个目标工作，你也为这个目标工作，大家共同努力，我觉得这样才会留得住。否则人家为我干，我最怕别人说马云你太厉害了，我加入是因为你，千万别。这种人我最怕，像我这样的远看还可以，近看一个钱都不值，近看怎么这么一个人。你觉得远看书上说的马云都特好，真实的马云不是这样的，我讲话特残酷，特别直截了当，所以我回答你的问题是这么看的，希望你能满意。

在国家形象宣传片中我代表谁?

观　众：想问您一个问题，就是说您是入选了2010年国家形象宣传片其中的一位。您应该很清楚假如入选这样的宣传片肯定是代表一类人或一类群体，我想问一下您自己是代表哪一类人或哪一类群体，或者给哪一类群体起到示范的作用?

马　云：我特别荣耀能够参加国家形象，我想马云不是一个人，而是一代人这一群人。我们出生在60年代，我们发展于现在这个世纪，是在互联网在中国今天这个经济下诞生的一代人。所以我自己觉得很多中国人认为，在国内很多人认为马云你的想法是疯狂的，你这个东西是忽悠的，你这个东西是不靠谱的。国内很多人叫我ET，不仅长得像说我还是外星人，人家不喜欢我们和喜欢我们道理都是一样，我想说我们代表着未来，代表着未来的中国和世界的商业就是应该这样。

所以我想我荣耀地代表说，在中国今天的经济形式下，在全世界商界里面，马云不是我，马云代表着今天的中国和今天的世界，就是这样的创业者、这样的精神、这样的毅力、这样的团队，我们对这代人做出贡献，我从来没说过想为杭州争光、为浙江争光、为中国争光，我觉得我们应该为全世界这代人争光，是一代人的事情，它不是一个国家的事情不是一个地区的事情，所以这个是我个人的理解。

低调好还是高调好?

观　众：但是您为什么又时常对媒体保持一个非常低调的姿态？不像很多企业他们想利用自己现在的一些形象为企业做宣传，而您时常非常低调呢？

马　云：很多人说我很高调。我是老师出身，自己觉得不对的地方我就一定要说，而且我去说了我不一定对，但是我只发表我个人的观点和看法。正因为我比较怕媒体，包括像你这样的人在一起，我有时候讲了一大堆我的意思，他们拿一句指出来做标题，标题党把我所有讲的惹了。我担心有些事情会因为一句话一个标题，误导了我们很多以马云这辈为榜样的人，我觉得应该少讲。但是该出来讲的时候我还得讲，对我来讲没有高调和低调之分，只有这个时候你该不该承担责任，你该不该出来讲你的观点之分。我眼睛里面没有高调低调，我觉得第一要做你自己，你觉得该出来就出来，你觉得没意思就没意思，我们没必要去虚伪什么东西，这是我。

90后该如何问问题?

观　众：请允许我向哥表白一下，我是大一的90后，自己创业做了一个搜索，我希望如果有机会的话，希望跟咱们淘淘搜合作，因为我觉得那个很不错。我老喜欢你了，问题就是因为也很喜欢金大侠。我的问题是看过您摆过一个造型“金鹤亮翅”很漂亮，想问金大侠的角色您喜欢哪个？想问您经营阿里巴巴的时候，学到了哪一派哪一招用了几成功力，就是用这个武功哲学来经营自己的事业、爱情、生活？

马　云：我觉得挺好，我觉得90后问问题就应该这么问。她如果问问题像我们这个年龄问问题就麻烦大了，社会的进步就是永远敢问敢想，并且你积极地去看待你怎么处理爱情的、怎么处理工作的，这就对的。谢谢你的问题。我在金庸小说里最喜欢的人物是风清扬，我的笔名曾经用过，我们公司内部很多有化名，我的化名就是风清扬。风清扬我喜欢他的是两个，第一他是老师，自己不愿出来但他培养了令狐冲。第二个他是无招胜有招，他是基本上打穿了整个的剑法我觉得特别好，无招胜有招，无招本来就是招，最后一招无招那就是招。

在公司里面我是这么觉得，我前天在飞机上还在看《射雕英雄传》，我觉得挺舒服的，累的时候看看这些东西心里特别愉快。我现在喜欢的是太极拳，我觉得中国的文化，最强大的文化在于太极阴阳变化，很多老外专门研究我的所谓打法。他们前几年，我所有的商业的东西，他们说你早上讲的话晚上就会在我办公桌上。我说我自己也没搞清楚，你也别研究了。现在我慢慢觉得，其实我是从中国的太极哲学思想中，用企业来阐述这种哲学思想，所以我觉得挺快乐的。

观　众：谢谢。我感觉您是一个传奇，您喜欢听那首歌吗？

马　云：我挺喜欢《传奇》的，但我不是传奇，我是平凡的人，我最怕别人把我看成圣人、教父，晕了。我跟大家没什么区别，是淘宝和阿里巴巴给了我光环，不是我给淘宝、阿里巴巴、支付宝光环，是两万多名员工帮了我，不是我帮了他们。希望以后大家永远觉得我们是一样，事实上我们一样，我只是比你们早生了几年，我经历了一个好的时代，我有一些好的朋友，我有很好的一群人在帮我我才会这样。你们也会十年以后，只要你说我也愿意这么去努力肯定可以，没什么传奇的。

中国电子商务超越欧美

观　众：云哥您好，我是从武汉赶来的90后大学生，我的专业是电子商务，我记得在当初选择这个专业的时候，有很多原因是因为您。可是就在我进入大学的第一个月的时候师兄告诉我，马云是不招电子商务的学生的，我感到很郁闷，先请您证实一下这是不是真的？

马　云：我不知道你师兄是哪听的？

观　众：如果没有这句话，我想是媒体误导了我。

马　云：媒体误导的事多了，经常误导我呢。

观　众：您认为在可预见的范围内，电子商务会朝一个什么样的方向发展，作为大学生的我们，应该怎么做才能使自己具备这种竞争力？

马　云：谢谢你大老远过来，但是我想告诉你我确实对前几年的电子商务专业有看法，因为他们学的东西是欧美电子商务，比较老的，是大家想象中的电子商务，而今天电子商务发生很多变化。我希望很多学生去实践看看中国本土的，其实中国的电子商务发展远远超过欧美。

美国电子商务发展比较艰难，别看今天有 eBay 等等。美国因为整个商业的环境非常好，他的银行体系非常好，他的零售体系非常好，他的商业环境比较好，信息体系比较好，电子商务只是美国商务中的小小的补充而已。而中国由于整套的商务环境，整个的零售体系、物流体系、信息体系、诚信体系都比较糟糕，所以电子商务就有可能成为整个中国商务体系的主要框架。

马云语录

我认为电子商务本身就是一个服务型的行业，是以服务为导向的。服务是全世界最贵的产品，最贵的服务就是不要服务。完善一套良好的服务体系非常重要。丢掉一个大客户不会让天塌下来，如果不利用这个机会去建立一套完善的服务体系，天就一定会塌下来。今天中国的服务是最昂贵的产品。服务是将来的趋势，收费最好，你要想把服务做好，就需要让你的客户不需要服务，形成一套体系和制度，不是安慰，不是去道歉。

就像以前中国电信，中国的固定电话很烂，突然来了移动以后，中国移动成为整个全世界移动电话最厉害的。所以我告诉大家，电子商务只是刚刚开始。如果我是你的话，我觉得今天先要了解先读好书掌握基本的知识，如果有时间的话去淘宝去任何网站上去开个小店，你要的不是赚多少钱，而是明白了解建立信用体系，建立人与人之间的沟通，网上怎么建立这套体系，了解这些东西对你有帮助。不管大家信不信，十年以后70%左右的商务都会在电子商务进行展开，这是个时代这是个未来，这个没办法改的。我觉得大家今天开始学习了解，它是一门技能，所以每个人都必须得有。就像语言一样，英文你如果觉得它有用今天要学得花时间。

真正的榜样在你附近

观　众：马老师您好，我想问一个问题。据我所知马老师最开始的时候作为一名老师，在那个时候您看到您身上什么样的东西，让您决定想去创业？在那个时候您眼中的成功是什么状态？我觉得应该不是像现在这样成功，但是那个时候，您心目中的成功的状态是什么样子？

马　云：我29岁那一年被学校的学生评为十大杰出青年教师。所以我在想我所有教学生的东西，都是我自己书本上学来的，我那时决定当一个很好的老师。我开始特别讨厌当老师，我因为大学考得不好，所以考进了杭州师范学院。当然我今天认为他是全世界最好的大学，不用笑他确实是最好的，北大、清华、哈佛的人都向杭州师范大学的人报告，老板。

所以我教六年书之后我突然爱上这个学校，爱上教书。我那个时候缔造出的一个想法，一个很单纯的想法，我就想到社会上花十年时间办一个企业然后再到学校教书，我相信我会更受学生欢迎，这是我单纯的想法。第二，我也在证明一件事，假如马云能成功我想中国80%的年轻人都能成功。这是我当时很纯粹的想法，不是我想挣更多钱。

我跟所有人犯的错误一样，榜样是比尔·盖茨、李嘉诚。但是时间一长我发现，他们不是我们的榜样，没法学习比尔·盖茨，没法学习李嘉诚，他们太大太强，你也不知道该怎么学了。真正的榜样一定在你附近。如果你刚开始做小店做小饭馆，你的榜样就是你们斜对面的小饭馆，他为什么门口排队而我们家服务员比客户多？他是你的榜样，榜样是一点一点学上去的。所以我绝对没想过，我有机会能站在这，我有机会被中国很多年轻人所欣赏、所理解、所支持，我是没想到。

但是那时候知道有一点是肯定的，那就是我失败的概率很大，但是我跟自己讲了这句话，即使我失败了，我回到大学教那些失败的经历，我还是最好的老师，我真是这么跟自己讲的。

马云语录

做任何事都要有时间。80年代的人不要跟70年代、跟60年代的人竞争，要跟未来，跟90年代的人竞争，这样你才有赢的可能性。对60年代的人，跟70年代的人学习，但是对未来，你要竞争。

人生是一段无悔的旅程

观　众：可不可以理解在你想到失败之后，你还会有机会回到学校教书，你有后退的通道？

马　云：人永远有后退的通道，我们来这个世界，一定要搞清楚。刚才有人问我恐惧什么，我真没什么恐惧的。我觉得人生是个经历，不管你多牛，你一辈子就三万六千天的旅程，到这个世界不是做事业的，不是来成就宏图大业的，你是来生活的。在生活中你见了那么多同学、那么多朋友、那么多同事，有父母、有太太、有孩子，这些是人生中很多的经历，这些痛苦的经历也是经历，看清楚了就这么回事，回去如果离开世界的时候我没有后悔。如果社会世界给了你很多机会可以做很多事情，enjoy it。

运气就是感恩和敬畏

观　众：马云老师您好，今天贸大同学在这不光有1300名观众，而且在分会场也有七八百名观众在收看您的现场直播，这是来自他们的问题。第一个问题是：您如何解读信念这个词？是否有怀疑自己的时候，在怀疑自己的时候您又是如何克服的？

> 马云语录
>
> **最优秀的模式往往是最简单的东西。优秀的公司模式都是单一的，复杂的模式往往会有问题，尤其是刚刚初创。**

马　云：有没有怀疑自己？我是经常怀疑自己的，我怀疑自己但不怀疑信念。因为信念和自己有时候是不一样的。我怀疑自己这个事做得对不对，我的信念我的目标从来没有怀疑过。阿里巴巴成立时说让天下没有难做的生意，这是我们的信念，这个信念没有错，但是我做得对不对是不是按照这个路，我不断怀疑自己，然后不断地拷问自己。

什么是信念？“信”是感恩，信仰。“信”是感恩，我觉得真是这么回事，我没有理由成功。阿里巴巴也没有理由成功。我们走到现在为止活下来做得不错，我觉得有很多人帮助过我们。第二个敬仰的“仰”就是敬畏，很多东西你不知道但是你敬畏它，我和我的团队充满着感恩。

以前我也会说，十年以前我说感恩的时候，我也像口号一样。现在是我真觉得，我们怎么会那么好运气？我真觉得冥冥之中有人在帮我们，我不知道是什么。但是这是我的理解。有人也问过我，怎么样把握运气？运气从哪里来？如果你有感恩运气就会来，如果你有敬畏之心鬼神就会避开，所以这是我的理解。

90后应该改善中国中小企业的命运

观　众：另外一个问题，是跟我们学校有关。我们是对外经济贸易大学，所以我们现在非常关注对外贸易的形式，而且中小企业面临这样一个困境。而且阿里巴巴也一直是以中小企业为主要的服务对象的，我们想问马云先生，就是您认为您能够为现在中小企业摆脱困境做一些什么努力或者制定一些什么样的策略吗？

马　云：你这个问题问联合国秘书长他也做不到。但是我们每个人即使做一点点就够了。其实阿里巴巴 B2B 就围绕中小企业有 12000 名员工，我觉得我们大家都很努力，再往前做一个一个的产品，金融危机的时候跟今天我们都一样，我不断呼吁不断做努力，但是你不可能解决。

就像昨天有人问我，马云你怎么为我们中西部贫困地区做点什么？这事又搞大了。我不知道该怎么回答，我们一直在努力，但是毕竟我不是政府，所以我提的想法是公益的心态商业的手法，商业的技能工业的形态。我们今天很多人是商业的心态公益的手法全都乱掉了，我觉得一

马云语录

我觉得项目和人不应该是矛盾的，优秀的项目必须有合适的人，优秀的人也必须要合适项目，然后再加上合适的时间才能成功，所以我选的时候一定从这个人和这个项目，以及是不是合适的时间，来看问题。有的时候这个项目很好，人不行，有的时候项目不成熟。曾经有人问过我问题，问我喜欢一个能干的人还是听话的人，我说是的，他必须又能干又听话，因为听话本身就是能干的表现。

点点会好起来的，我永远相信在我们这代人不能改变中小企业的命运，但是在90后一定可以，不是我们。

我今天来跟大家80后、90后来讲的一个点就是说，你们会为我们这代的人作出骄傲。你们会为我们找回中国的价值体系，找回真正中国未来的发展，不是我们这一代。我们这代人当然也很努力，但是你们会做得更好，我充满信心，一代永远胜过一代。我只是尽我这代最大的努力，但是你们这代人80后、90后，你们有权利抱怨但是你们没有资格抱怨，今天我们这代人我们有资格抱怨但我们没有权利抱怨，我们应该改变它，我们十年以后二十年以后看你们，今天你们的抱怨全是瞎抱怨。

我眼中的淘宝是什么样子的

观　众：马云老师您好，我想问一个关于淘宝代购点的问题。这个消息不知道对不对，淘宝的原计划是在今年（2010年）年末在全国开3万家店，现实是到现在为止只有几百家，这个差距还是挺大的。我想请问您下一步计划是什么？或怎么做改变？创业者会遇到类似这样的问题，您的计划跟现实有很大差距，如何做改变？因为您说过好的企业要拥抱改变。谢谢。

马　云：第一你说的淘宝几万家店几百家店我没听说过这个事，我一个月也就去过两天淘宝，我根本搞不清楚发生什么事。很多淘宝的消息我是在网上看的，有人说马云你这么厉害出了这么好的政策让淘宝发展这么快，我说不知道，我也是网上看的。有的人说你怎么那么坏出了那么坏的政策，我也不知道，也不是我干的。

假如淘宝还是我干的话，我们就麻烦大了。但是我一个月去两三天去看看我们的同事，跟他们喝喝茶，偶尔晚上回去喝点小酒，听听他们。我从他们眼神上我知道，他们走的路对与不对，我不知道你刚才讲的两三百家这事，这是真话。第二我要给你个建议，我估计淘宝说要定三万家结果完成两百家这不是淘宝，我觉得有可能淘宝提出五千家结果完成了三千家这个有可能。如果两三万家完成几百家，那淘宝水平太差了，我觉得淘宝水平还没有那么差，假如真的是这样，接受现实马上调整。不要脑袋一拍五万家结果搞了两百家，那么踏踏实实回来做四百家五百家。我们每个人有远大的理想，但踏踏实实地做事情。如果发现不对，赶紧调整拥抱变化是用积极的心态发现。我要是遇到这个事，开三万家是错了，那就整四百家，至少看是不靠谱的。创业者要的是乐观地积极地拥抱变化，这样才会有机会。好吧？

马云语录

不要贪多，做精做透很重要，碰到一个强大的对手或者榜样的时候，你应该做的不是去挑战他，而是去弥补他。

创业者很难平衡事业和家庭的关系

观　众：马老师您好，抢过来的机会不好意思。是这样子，刚刚您回答了两个问题，一个是最看重的是时间，第二个是最爱的是您的爱人孩子。特别是对我们80后、90后来说，而且特别是生活在北京这个城市，电子商务各个节奏都很快。我想问的一个问题可能也比较小。您是如何平衡您的工作和家庭？谢谢。

马　云：我前年有一次非常失败的跟员工的沟通，我们很多员工问我这个问题，生活和家庭怎么平衡？然后他们请了我还有我们几个人坐在台上也是这样，一本正经跟大家讲生活和工作是可以平衡的，越讲心里越不对劲，晚上回到家我跟大家道歉，我说假话因为我也没平衡。我是真没平衡，后来我发现，真正的创业者是平衡不了的，也不应该去平衡。

你如果选择了创业这条路，选择了希望往前走，你就没办法想平衡，你只是把自己、把生活和工作融为一谈之间如何在里面获得乐趣而已。所以我告诉大家创业是很艰辛的，今天谁告诉我说，我可以把工作和生活分得很开，我相信这是职业经理人，我也不相信他企业会做得很好。我是坐在马桶上、冲着淋浴的时候在想工作，晚上做梦的时候也是想的这些事，但是我得到的是快乐。我得到家人的支持，他们也知道假如我不想的话，他们也会不幸福，他们也知道每天回到家看到他们怎么办呢？都已经适应了。都是这样的，如果你选择了，我很抱歉已经在路上了你就只能走下去，要不然你就离开。

我告诉大家李嘉诚现在还是每天早上忙死忙活地在忙，盖茨也一样。他们不是在为自己忙，你越往上走，越不是自己忙。我年轻的时候，学外语，我最大的理想是早上在伦敦吃早饭，中午在巴黎吃午饭，晚上到布宜诺斯艾利斯沙滩上走走，我觉得太美了。今天我觉得世界上最残酷的事情是这样，我天天在飞，早上去日本晚上就回来，马上开第二个会议。以前说马云你老板做得不够大，公司做得不够大，公司做大以后你肯定很轻松，现在越大越累越大越累。你最后明白，你有的时候想的不是你想要的，你得到的不是你想的。但是你今天把你得到的好好地欣赏它，这是福分，你可以为别人包括为大家为自己带来快乐，也为别人带来快乐是挺好的，想清楚了这是你的命，我想清楚了。

知识是用来唤醒智慧的

观　众：马先生您好，我今天穿了一身从淘宝买来的衣服来问您一个问题。您十年前有您的设想用电子商务改变中国人的生活，从我们一般人来看三个字可以形容假、大、空。假、大、空这三个字说出来很容易，每个人每天在说假、大、空的事情。您现在的谈话跟十年前完全不一样，您当时以我的感觉

马云语录

年轻人创业的时候都会犯的一个错误，希望每个人来用我的产品和服务，这是不可能的，定位要准确才能做好，对所有的创业者，少做就是多做，不要贪多，做精做透很重要。

也是以假、大、空跟您的员工在沟通，跟您的十七罗汉在沟通，但是为什么您能将那十七罗汉变成十八罗汉？然后一直在让淘宝在前行，然后让我一个很普通的人，能在十年之后穿着从淘宝上买的东西请您回答问题。

主持人：我替你回答，你歇会儿吧。永不放弃。

马　云：还有一个你认为是假、大、空，我从来就没认为过。我再给你加一句，有人说马云你的讲话我们很喜欢，什么原因你特别能讲话，你是不是当过老师？你们举举手，有多少老师你们是真正喜欢听他课的，估计不多。我以前当老师总是提前五分钟下课，大家都很高兴、喜欢我，不是把教材的东西讲完了学生就喜欢你的，而是知识是用来唤醒智慧的。

我跟我同事讲话的时候，是希望唤醒他们心中的共鸣。我讲的也许是错的，但我相信我在讲的话，很多人演讲的话全是对的，但是他们不相信这是区别，他们讲的全是对的但是他们不相信，我自己讲的东西可能全是错的但我自己很相信。

忽悠不忽悠的区别是什么，自己不相信让人家相信。我自己相信我觉得你们将来会相信的，这是区别。我从来没有想过假、大、空，我的员工不是最出色的精英，但他们绝不傻。三个月就觉得不靠谱，跑得比你还快。我觉得假如十年以前到今天我还是这么讲话，说明没那么假也不空。只是我们看到的是愿景，我是为未来工作我绝不为今天工作。如果你们创业者要做这条路，所有的80后、90后，你们的时代还有十年八年以后的事，不是今天，我们淘宝的时代不是今天，淘宝的时代是二十年以后的淘宝，我们再看看今天的录像他会变成怎么样，这是我今天在努力的事。

主持人：谢谢你。请大家把问题缩短一点，谢谢你们。

二十年后的淘宝和阿里巴巴是什么样子？

观　众：我非常幸运。是这样的，我个人对您怎么成功经验我不是很感兴趣，我主要就是说您这种精神一直是影响着我。您以前也说过把痛苦当做快乐去欣赏，我最想问的问题就是说，假如说您有一天把阿里巴巴做没了，把淘宝做没了，您打算怎么办？我的意思是如果有一天您把阿里巴巴给做没了，您打算怎么去办？

主持人：你说把痛苦当欢乐去欣赏，你把淘宝和阿里巴巴做没了，你还能不能这样去欣赏？

观　众：对。

马　云：我还没愚蠢到把淘宝和阿里巴巴做没了，但有一点这样讲有点空和悬，但是我去年在公司讲过，阿里巴巴和淘宝前十年从无做到有，未来十年要从有做到“无”，这个“无”是什么概念？叫做无处不在的概念。“无”要比“有”更厉害。人可以几天不吃饭大家知道？七天。对不对？有的熬到十二天差不多了。人可以几天不喝水，两三天。人可以几分钟不吸氧气，两分钟你熬不熬得住，人不可以两分钟不吸氧气。但是氧气你摸得到吗？摸不到，“无”一定有时候比“有”更强大。我希望大家十年以后二十年以后，看到的淘宝不是网站不是巨大无比的公司而是我们生活的一部分，不是我们希望通过淘宝去挣钱，而是淘宝影响了这几代人对很多问题的看法，这个是我最大的乐趣。

淘宝改变了中国零售，淘宝改变了所有的标准化、定制化，使得世界为同一式，改变了工厂赚不到钱，消费者看个电视广告要付300块钱，我要改变这些东西这是我的乐趣。就像支付宝不是我解决支付的东西，支付宝希望有一天，它能够让贫民老百姓也能享受金融服务。老百姓现在到银行去交了钱，银行给你2%的存款利息，他拿这个钱做大企业也没错，但是我们真正的贫民老百姓也应该有这样金融的服务，这是我的乐趣所在。所以假如这个方向错了，假如我们这个理想和愿景错了我愿意它错，如果这个愿景和理想使淘宝、阿里巴巴、支付宝倒台，那就倒台。

马云语录

碰到一个强大的对手或者榜样的时候，你应该做的不是去挑战它，而是去弥补它，做它做不到的，去服务好它，先求生存，再求战略，这是所有商家的基本规律。

我们至少努力过，但是80后、90后你们得跟着继续干，人类的社会一定会好起来的，大家去努力才会有机会。所以我觉得这种痛苦是一种快乐，因为你知道为信念作战，为这些事情做你乐趣挺大，所以你说今天淘宝网挣多少钱我一点快乐没有，支付宝挣多少钱一点快乐没有，有什么快乐呢？一定会有人比你更有钱。有人说马云你可不可以当中国盖茨，什么中国首富。连中国对外经贸大学的首富我都不想当，我当不了。盖茨你很难跟他比谁有钱，也没出息跟盖茨比谁有钱，要跟他比谁对社会贡献大，谁能让更多人富起来，我觉得这个咱们还有点机会试试看，我觉得应该这么去比看，这是我的看法，我的乐趣在这，但要完成这个是挺辛苦的。

责任心有多大舞台有多大

观　众：我从石家庄赶来，今天有幸与马老师面对面，当看到马老师真面目的时候，我对我的外貌又多了一点自信。我有一个问题比较切合主题的，在我们日常工作当中，您怎样看待责任与能力的关系？您如何在我们的生活当中，有很多的80后会用纠结形容我们工作的现状，您怎么看待这个问题呢？谢谢。

马　云：OK。你说你跟我比了一下，对自己的容貌有了自信，这就是你对能力和责任的相反的看法。今天我跟你到街上去，肯定我比你受欢迎。二十年以后的中国，流行的长相是跟我一样。但是我跟你讲，绝大部分的人把自己的能力估计过高，99%的人把自己能力看得过高总是埋怨别人有问题，世界有问题、规则有问题、体制有问题，从来没想过自己能力有问题，更没有想过自己责任有问题，80后、90后也好，我们这个年代的人，都有过这样的事情。我们总觉得我挺厉害凭什么我没有机会他有机会，凭什么马云有机会我没有机会，凭什么他有机会？他爸是李刚。对不对？

一个人的事业有多大，中央电视台说的“心有多大舞台有多大”。我觉得中国人的心都特大，但是我的理解是“责任心有多大舞台有多大”。你愿意为一个人承担责任那你是很好的自己，你愿意为五个人承担责任你是个经理，你为两百人三百人承担责任你是总经理，你为十三亿人承担责任你是总书记。你愿意为多少人承担责任，有人说承不承担起你去努力去奉献自己的一切就可以，所以我觉得每个人看能力和责任是不一样的，绝大部分人把自己的能力看得过高。我比较担心别人表扬我飘飘然，别人骂我我会沮丧。今天看马云，这哥们这么多东西不是你干的别人表扬你别得意，是不是我马云干的。别人骂你这哥们真倒霉，我就像看别人小说一样看这个人，但是需要承担责任的时候我进去，这不是我的能力，而是我的责任。

马云语录

所有的创业者都应该多花点时间，去学习别人是怎么失败的，因为成功的原因有千千万万，失败的原因就一两个点。所以我的建议就是，少听成功学讲座，真正的成功学是用心感受的。有一天如果你成为了成功者，你讲任何话都是对的。

观　众：我能问一下马老师能把责任和能力直接打个比例？一百分责任占多少能力占多少有这样一个比例吗？

马　云：我不敢打，这个很难，我还是觉得责任和能力是相关的。你的责任大了你能力不够，大家死过去，能力大了责任不愿承担也没有意义，这是自己的一个度的把握而已。谢谢。

QQ和360这场战斗我早知道要发生

观　众：马云先生您好，很久很久以前的或者其实也不是很久，想问您的问题提一下，您对当年QQ大战360有何看法，以及您对拍拍网有何看法？谢谢。

主持人：这个问题好像很期待似的？

马　云：对。我还从来没回答过这个问题。我觉得这场竞争也好，这场冲突也好是互联网发展到今天为止是一定要碰上的，不是QQ&360就是XYZ互相对垒，这是一个互联网公司发展过程中一定会碰到的。但我们今天最需要问的是，社会给了我们互联网公司巨大的信任、巨大的资源，我们今天不能动用客户的利益去展开竞争，所以我没有做过评论。互联网应该是想办法促进社会的发展、沟通和交流。我也竞争过，我希望竞争是这样，森林里面的竞争狮子吃羊，绝不是因为我恨羊，而是我需要发展。

昨天我说北京城里的最早的黄包车被汽车打败了，所有的黄包车车夫去砸汽车，你砸不光的，他这个汽车他这个时代要取代你。我们今天中国商业的形态和环境我们要反思，但是我更感兴趣的不是我们今天谁对谁错，而是我们所有人从中学到了什么？反思了什么？所以我看到的是，昨天马化腾讲了他们会更加反思、会更加开放、更加分享，这就是这场冲突给我们带来的好处，坏处已经过去。我不想多作这方面的评论，我只是觉得很遗憾但不可避免，我们都在学习中进步。有一点是肯定的，从这一场以后，再也没有互联网公司敢拿客户的利益去展开竞争，这个时代过去了，所以我为这个坏事带来的好事感到骄傲。

我从未疯狂过

观　众：马老师您好，其实我觉得马云老师从来不是疯狂的人，至少您很多年没有疯狂了，我期待您很快再疯狂一次。我希望您有更多创意的崛起。我是《赢在中国》第一届的选手。六年来我一直在从事一个项目，就是做太空旅游，我才是疯狂的人。

主持人：你有什么问题要问马云？

观　众：我想告诉他，现在美国、俄罗斯民间的航天太空这个领域的开发，我做了六年的积累和探索，也是经过了很多兴奋和挫折。现在我用中国人的技术当然是最棒的技术了，可以送我们普通人到太空彼岸去探索。每个人只需要不超过五十万人民币，是目前十八个月以后的价钱。

马　云：你想说什么？

观　众：我记得您曾经说过，您的快乐是帮助更多的人创造梦想实现梦想，我相信在座的这么多学生这么多朋友，他们和我一样有希望去探索太空的梦想。假如您今天能够为这份事业注入一千万人民币，十八个月以后您将会看到我们中国民间的力量的航天飞船飞上太空。

主持人：这位选手，看来都是《赢在中国》的观众，我说溜了说这位选手，我感谢你参加《赢在中国》还以此为自豪，非常感谢。但是今天的确不是来做投资洽谈会，而是和马云来真诚地交流，项目的问题显然不属于这里。我觉得就是我想让马云休息一会儿，因为他是带病来的，我跟大家谈一个体会，其实说老实话，人身上最大的能力，是把握时机的能力，审时度势的能力，其实你比如说你拿到了这样的机会以后，一定你要来谈项目，让他投资一千万，这是门都没有，基本不可能。其实我给了你将近一分钟，做点别的都比这个投资汇报要大得多。这个问题他也没办法回答，所以我还是请他略过让我替他回答你这个问题，如果你还有别的比这更好的问题，你可以再问一个好吗？谢谢。

观　众：很希望听他对这个中国民间升入太空探险的看法。

马　云：好吧，谢谢利芬。我就是说别觉得我讲话比较直接，但是我想讲一个，第一条我一定不会坐那个船，我不知道这儿有几个人敢坐这个船，五十万人民币去太空边上他只要投资一千万就够了。

观　众：我第一个坐。

主持人：他第一个坐，他自己一个人坐。

马　云：所以我讲话比较直接。我从没疯过，也没狂过。中央电视台二套把我说成狂人我是很生气，我怕误导所有的年轻人，以为创业是要狂，愿景、理想、使命跟狂没关系。

主持人：谢谢你，这边的朋友请。

理想与现实到底有多远?

观　众：尊敬的马云老师您好，我从外经贸今年毕业，也在创业，和朋友创业做了个大学网站。有个问题想问一下，是现在困扰着我的问题。刚才您说了男人身上的品质永不放弃非常重要，但有时候我们也听到有人跟我们说要学会放弃，怎么在永不放弃和学会放弃之间找到平衡？在您创业初期的时候，你们都是否有这样的试想，比如说你们投了50万，是不是一年之后这50万没有赚到钱的话，大家就各回各的家了？您经常提到使命和价值观，如果使命和价值观没有给您带来钱的话，您还会持续下去吗？

马　云：我觉得这些问题蛮好，第一永不放弃和学会放弃的区别。要想成功一定要永不放弃克服各种困难，但是你学会放弃的时候你才开始进步。假如这是一堵墙你要绕过去你撞在墙上，你永不放弃地撞还是撞不过去，学会放弃退一步看一看边上绕过去。

什么是战略？战略这张地图看看杭州到北京这么点路，你开车走路走晕过去了。所以我告诉大家理想和现实是很远的。但是，我们学会什么东西该放弃什么东西不放弃，我永不放弃的是我的使命价值观，我宁可把公司关了，但我不会说为了赚钱我放弃这些东西，全中国99%的企业在赚钱，但是他们可能未必抓住使命。我以使命感和价值观去赚钱的时候我心里踏实，我不会比别人赚钱多，但是我知道我赚得踏实，我是帮别人，我的团队讲究诚信，讲究拥抱变化，讲究团队合作我觉得踏实。

这个世界上一定有人比你挣更多的钱，但是你刚才问的问题，是不是赚不到钱了我们会放弃？绝大部分的企业这么看，我是这么认为。我们做一件事情对社会有贡献，如果我们没赚到钱这件事情一定没多大贡献，但是你赚了钱了未必对社会有贡献。所以我觉得一个真正对社会有贡献的企业，最后它一定是赚钱的这是肯定的。要使命感、价值观整个体系建立起来，让它永远可持续地发展，离开这个你走不远的。所以练外形没有内功一点用没有，光练内功没有外形也没有用，得合在一起才是高手。

一代会胜过一代

马　云：感谢大家！其实我真的诚惶诚恐，有这个机会跟大家进行交流。其实王利芬跟我说，一开始拍卖我的时间，这是去年提出来的。我觉得我的时间既值钱也不值钱，我希望能够跟大家做一个交流，谈谈我对80后的看法。

我最早是在前年有一次会议上，后来是连续不断地听见社会对80后、90后的担忧、抱怨、埋怨，觉得他们没有希望，是垮掉的一代。但是，引起我思考的是阿里巴巴的人、淘宝的人、支付宝的人、腾讯的人、百度的人，都是80后的人建设起来的公司。

就像刚才所有提的问题，我深为大家骄傲。我问我自己20岁的时候，能不能有这种水平这种胆略这种想法提这样的问题？我没有。我坚信不移地认为，我们80后要比70后、60后、50后更加成熟、更加成长、更有希望。

社会上很多人说孩子们现在不听我们的话，我们也要反思我们听了孩子们的话没有？80后、90后我觉得是我们的产品，我们没有理由、权利和责任去批判我们的产品，我们唯一有的权利和责任是完善我们的产品。

所以大家刚才提的问题，我是蛮感动的，我更加坚定地认为，一代胜过一代。最早我爷爷那一代是通过报纸来了解世界的，我父亲那一代希望耳听为实，他们通过收音机来了解世界，我们这一代我们希望眼见为实，我们通过电视机来了解世界，而你们这一代和你们后面那几代是通过互联网，你们告诉我们，我们不希望听别人告诉我们的，我们想参与，这就是社会的进步。

我爷爷认为我父亲不如他，我父亲一直以为我不如他，但是我们一代胜过了一代。所有的社会都在埋怨都在抱怨都说没有机会，都说政府不行这个不行那个不行。我们大家今天去看一下社会，你承认不承认，真正拿出数据看，今天的官员比十年以前更加廉政更加能干，今天的企业家比十年前更能干更承担责任，今天的大学老师比十年以前更加勤奋更加专业，今天的医院也比十年以前更好。

但是我们看到的是什么呢？我们看到抓出来都是贪官，企业家抓出来像黄光裕是这样的，发现的教授是剽窃的，我们发现的医院是不负责任的，但是社会在进步。我们永远要积极乐观地看待未来，在我这一代我20岁的时候、30岁的时候我也跟大家一样抱怨过，我父亲为什么没有地位？为什么不是局长？我舅舅为什么不是银行里的？我为什么去应聘了三十几份工作没有一个公司录取我？

我前一段时间碰到肯德基一家公司，我曾经去应聘肯德基杭州公司的助理去擦盘子我也被拒绝过。我也抱怨过，但是抱怨有什么用？我后来变成我是那个时代没有抱怨的人，我相信那个时代在我20岁的时候，这个时代不是我们的，我相信40岁以后这个时代是我们的，为了40岁这个时代，我从20岁开始积极寻找社会进步的东西，寻找未来寻找完善自己而不是埋怨别人，找借口谁都不去。我感谢大家今天晚上来交流，因为你们来意味着每个人关心未来，包括刚才90后的一个同学说，我不知道自己未来是什么？很正常，我跟你这个年龄的时候我也不知道，我30岁的时候也不知道，我创业做阿里巴巴开始的时候只是一个梦想，只是一个理想。到今天为止我越来越清楚我要干吗。

所以我想不知道没关系，但是要心存理想，说我会找到的，我们不断地在思考这些问题，我相信在座的以及今天在网上的人，假如你看到社会积极的正面的一面，你看到的永远是乐观的一面，去改变自己的一面，你才会成功。前面十年我唯一没有放弃的是对未来的理想，对别人的关注，但我放弃了自己很多的习惯。人就是这样，内和外。

所以包括刚才问的所有的问题，我感谢这些问题，这些问题也许没有解答，这个答案一定是用你人生去证明，你觉得是对的就去做。创业永远挑选最容易做最快乐做的事情，创业不是为了赚钱，而是你喜欢它，你喜欢这个工作，你喜欢做这件事情，那是最大的激情、最大的动力所在。如果你为了挣钱我告诉你，永远有比你想的更能挣钱的东西。你选择是因为你喜欢，你喜欢你就不要抱怨。这个世界上我们可以批判，但是我讨厌那些几种，中国社会不能再这样那样，而你们一定会替我们找到未来。今天中国的问题，所有问题的出现，我告诉大家，六十年以前中国也有过，五十年以前中国也有过，四十年以前中国也有过，六百年以前中国还有过，你来到这个世界，感到丰富多彩就是因为有这些东西。

马云语录

有一点要很明确，那就是一切的理念、想法、战略如果不能落实到结果和目标上面，都是空话。你努力一点，我尽力了，他尽心了，最后发现，每个人都捶胸顿足地说，我尽心尽力了，但没有结果。目标不明确，过多关注别人，而太少关注自己的细节，再加上缺乏临门一脚的手段，所以失败了。

不是每个80后、90后都会成功的，但是有人会成功。不是每个60后的人都会成功的，但是有人会成功，谁会成功？你勤奋、你执著、你完善自己、你改变去完善自己去完善社会这样的人会成功。我不是一个成功学的人，我不喜欢看成功学，我只看别人怎么失败，从别人失败里反思什么事情我不该做，从别人成功里也会反思，他为什么成功？我要学他的成功还是学他的精神？

所以没有什么抱怨的，坦荡地看自己。刚才有同学说做自己，怎么做自己？我们做自己问自己这些问题，我有什么？我要什么？我愿意放弃什么？我们到世界上来，不是来创业的，不是来做事业的，我们是来体验生活的。世界本来就是不公平的，怎么可能公平？你出生在农村，盖茨的孩子出生在盖茨家里面，你能比吗？但是有一点是公平的，比尔·盖茨一天24小时，你一天也是24小时。这24小时有3个8小时，8小时你在路上走在挤公共汽车的时候，你根本不知道自己在干什么，这时候需要好的朋友。还有8小时你睡在床上不知道干什么，你这个时候需要自己有一个好的床，床上有一个好的人。还有一个8小时你知道自己在干什么，那就是工作。假如你工作是不开心的，你做的事情是你不爽的你可以换，千万别做这份工作讨厌这份工作，我觉得这些人是没有意义的。娶了这老婆天天骂老婆又不离婚什么意思？对不对？

所以我想每个人要清楚，世界不公平。你如果想改变它，第一告诉你不可能，第二去从政去，也不可能。只是人可以不一样，出生的条件不一样但人是可以幸福的。幸福是自己去找的。我去看过民工到城市里打工，我对他们尊重，到城市里打工就是创业者，对我来说没有区别，只是我走了这条路他们走了那条路。每次走过工棚听到他们的笑声，我进去看，发现他们在打牌，两三块钱的赌注每个人都很开心。幸福很容易找，盖茨并不幸福。幸福是自己找出来的。

今天中国的经济高速发展，但是我们的价值体系、我们的文化体系受到了摧毁。最早新文化运动摧毁了旧文化没有建设新文化，文化大革命又把我们很多价值体系搞乱了。今天有的学者来讲，我并不完全同意中国不是法制社会，好像有了一套法律我们就能解决这些问题，不是那回事。

美国发展是因为法制吗？这个人漂亮是因为鼻子漂亮？不对。大家记住美国社会的发展它是基于基督教文化的，在基督教文化上面建立法律体系，在这个法律体系上建立政治体系，在这个上面建立起他们的领导人的选举体系，整个体系比你想的复杂得多。这仅仅是简简单单的一部分。假如我们今天这个价值文化体系被摧毁的情况下，随便拿一点价值体系，等于沙滩上建楼，建不起来。

我们需要重新找回价值体系，让年轻人明白不要怪人家富怪人家有钱，而是我要如何改变自己，我对社会有贡献，我寻找快乐寻找幸福感。创业不会给你带来幸福感，会给你带来快感，但快感的背后会带来很多痛苦，而真正的幸福感是你知道自己在做什么，知道给别人在做什么，你会逐渐从痛苦中找到那些快乐。

我坚定不移地认为，你们会为我们、为这个国家、为中国找回价值体系，而这才是中国真正腾飞的时代，永远是如此，一代胜过一代，而最最高兴和骄傲的是，我从你们眼光里看到了希望。

马云语录

一个正确的制订战略过程，首先要做正确的事，再是正确地做事。你做正确事情的时候，就可以事半功倍，如果你做的事情是错误的，你后边做得越正确，你死得越快。

所以今天请大家不要抱怨，如果你想成功，看任何问题积极乐观地看，这个时代还不是你的。我刚才就说了，你们有权利抱怨，但你们没有资格抱怨，等你们四五十岁的时候，你们有资格抱怨但你没有权利抱怨，你必须把它干好，今天你没有坐到那个位置，二十年以后别轮到我们抱怨你们，你们当年吹的很牛，现在轮到你们干你们试试看。二十年以后的你们，中国是你们的，毛主席说世界是年轻人的。我今天觉得他讲得太对了，一定是你们的，你们没坐到那个位子的时候，你不知道那个位子有多么地痛苦。

所以我今天来讲创业，我的网站公司将会全力支持大家。但是我不想谈具体怎么做一家公司，碰到这个问题在网上可以交流，我们有个语音计划大家可以交流。人的心态决定姿态，再决定你的生态，心态好自然会好起来的。你们要比的是二十年以后，谁能够成为这样的，至于哪家公司哪个行业，阿里巴巴、腾讯、百度、新浪、微博抓住了这个时代。什么是下一个最好的机遇？告诉大家，上一个世纪的商人，你抓住机会为成功商人；下一个世纪商人的企业家，解决社会问题的人才真正成为一家伟大的公司，去想你为未来你为社会解决什么问题？这样的人会成功，而真的要做这些事情从完善自己开始。

没有人是完美的，社会不可能完美，因为社会是由所有不完美的人组成在一起。你的职责就是比别人多勤奋一点、多努力一点、多有一点理想，世界才会好起来，我就是这么走过来的，我没有任何理由走到今天。唯一的理由我比我同龄的人更加乐观，更加会找乐子，更加懂得左手温暖右手，相信明天还会更好，就是这样，谢谢大家！

主持人：这是非常长时间的鼓掌，我相信这每一个掌声都表达了大家心里面某些问题被你的讲演和回答释然了，是一种感激的心态，掌声中间反映的心声读起来非常有意思的。今天全部的问题合起来是一个问题，什么问题呢？大家都想问你，究竟是什么成就了今天的马云？

我记得在四五年前，马云在跟我一次喝咖啡的时候他说，1995年他在北京睡的是地铺，走的时候含着眼泪说北京我会回来的。我特别爱总结，我今天不想总结，我只想抽取他中间一个情节：十年前二十年前那个时候的中国，问题比今天要多得多，今天的问题也比明天多得多，可是二十多年前的马云没有抱怨，以脚踏实地、永不放弃的精神走到了今天。我想如果今天的80后不抱着自己是倒霉的一代的这样的信念，也脚踏实地也永不放弃，明天也是属于你的。他那个时候这样做了，成功了一个新的马云，十年以后成功了一个阿里巴巴，大家成就的是什么东西?一定给我们世界以惊喜。冯仑说过一句非常漂亮的话:“历史不会隔过任何一代人。”我要补充一下，历史不会隔过永不抱怨永不放弃的人，凡是不这样做的都会隔过，这是我今天的总结，谢谢大家。

马　云：顺便给大家讲一个挺快乐的事，是我的助理来之前发我一个短信，我觉得特别有意思，他说我既然敢来这个世界，绝不活着离开这个世界。谢谢大家！

创业，且听马云说了什么

1. 不是你的公司在哪里，有时候你的心在哪里，你的眼光在哪里更为重要。

《赢在中国》选手简介

潘琨，男，1977年出生，本科，计算机专业。

参赛项目

建立基于网络软件产品的销售平台，目标是致力于为每一个需要购买软件的客户，以最低的价格、最便捷的服务买到合适的软件产品。

现场回放

马　云：你给我解释一下，你怎么做得到100亿？

潘　琨：我解释一下100亿的算法，要有10万个软件产品同时销售，销售量要达到一定的额度，这需要采用独特的经济模式，通过发掘软件经纪人的力量，把软件销售和个人收入直接挂钩。那么，遍布全国的1万个软件经纪人可以发掘到1万个产品，第一步发掘产品，第二步形成销售人员，第三步形成自己的品牌，最终吸引全国9000万计算机用户来购买软件。

马　云：我理解的就是说，你要有10万个产品，每个产品的销量一定要达到1万人民币，就是10个亿，你要有巨大的销售人员帮你销售，这是经纪人，把产品发掘进来，还要把产品卖出去，那得要多少人？

马云语录

学者型创业者有一个共同的问题，那就是从宏观推向微观，根据发展大势来推断自己的未来。大势好未必你好，你好未必大势好。绝大部分创业者是从微观推向宏观，通过发现一部分人需求，然后把一群人推起来。

潘　琨：1万个软件经纪人，可能会更多。

马　云：就算1万个，1年的销量也需要有10万，这跟保险公司有点类似。你怎么管理1万人，2010年怎么做到建立1万人的销售团队和软件经纪人？

潘　琨：非常简单，他们卖软件有提成，一个兼职人员如果发现好的软件产品，推荐给我，在我的软件平台上销售。要让别人为我做事，就像蚂蚁穿过桌子的缝，要有蜂蜜。

马　云：一个人要做到10万块钱的交易量，并不容易。我们公司很多销售员年薪在10万以上，这样的人很难，招1000人就招得晕头转向。

潘　琨：招人需要这样招吗？要赛马，而不是相马，我根本不需要进行招聘和评估，市场会对他进行评估。

马　云：我们接触中小企业，最担心今天买了公司的软件产品，公司第二天就关门，我不知道怎么办，谁来帮我维护维修？

潘　琨：这就是为什么小企业难以生存的原因，但是我们将建立持续的服务保障机构，将在全国建立网站和服务网点。

马云点评

潘琨，我很欣赏你的反应能力，你的个性，你的自信。作为领导者，在自己团队里可以自信，但在外面就会吃很多亏。今天为什么没有选你？如果你今天跟我讲的是整个市场有100个亿，你明年或以后可以做3000万，我花1000万会这么做，这样可能会更好，但是你今天讲得太大了，所有讲的都是对的，这些套路我听了太多人讲。

要有个性，个性不是喊口号，不是成功学，而是别人失败的经验。潘琨我觉得，如果你从一点一滴开始做起，制订2000万、8000万、1个亿发展规划，很多人愿意投你的钱，我也会投你的钱。

我提两个看法，第一，我觉得创业者很重要的一点，不是你的公司在哪里，有时候你的心在哪里，你的眼光在哪里更为重要。星巴克并不在纽约，在西雅图，肯德基不在纽约，肯德基在全世界都有。企业在定位过程中要明白自己的产品能不能走那么远，是不是可以走那么远。到了另外一个地方，换了另外一个产品，换新地方、换新产品这是很大的挑战。跟大家讲一个事，前段时间我跟吴鹰拜访了李嘉诚，他讲了一个事，在座的创业者可以思考一下。有人问李嘉诚凭什么到处投资，做这个，做那个，基本都成功，为什么中国绝大多数人都不成功，你能成功。李嘉诚回答说，手头上一定要有一样产品是天塌下来都是挣钱的。因此，不一定做大，但一定要先做好。星巴克的咖啡卖两三百年，一万五千家店开到全世界。一定要有独特想法，等你有独特想法再推广也来得及。

> 马云语录
>
> 品质、质量之中没有秘密，我把阿里巴巴所有事情都跟别人讲，淘宝网的做法也对外讲，品质不仅仅是团队，更是文化和制度，是一整套东西，别人能模仿你的表面，但不能模仿你的理念。

2. 不想当将军的士兵不是好士兵，但是一个当不好士兵的将军一定不是好将军。

《赢在中国》选手简介

刘晓宁，女，1977年出生，本科，经济管理专业。

参赛项目

找我中文网，打造同城门户网站，发展同城电子商务，满足城市居民对城市购物的网上需求。

现场回放

马　云：民间投资是什么意思？朋友借钱给你？

刘晓宁：是投资公司。对方有20％的股份，我自己有55％，剩余是给我5个员工。

马　云：你和当地商场合作的电子商务模式，商场具体做一些什么服务，你们又做什么？

刘晓宁：我们在潍坊本地拥有一定数量的网民，我负责做信息流，商场销售商品，提供物流。

马　云：像潍坊这么小一个城市，买自行车到哪儿都可以买到，干吗要跑到网上查一查再买。

刘晓宁：我想很多女性会享受购物过程，但是女性购物也有累的时候，有辛苦的时候，通过便捷的方式了解自己的商品。

马　云：你现在这个网站在当地的访问量有多大？

刘晓宁：每天有5万IP。

马云点评

刘晓宁人很好，非常善良。但你的企业还只是停留在口号和理念上，没有形成真正的商业模式。你喜欢看太阳，但是看太阳会很难受，而且太阳背后有无数的黑暗，成功的背后也隐藏着很多挫折和失败。任何一个人成功，别人看到的都是表面的光芒，却看不到他背后付出的巨大代价。

马云语录

我认为，做人、做事、做企业都必须一贯，这样你才能做大做强。所以做企业也是必须先给别人创造价值，比如淘宝网实行三年免费，就是要首先给予别人价值，人家好了自然会付钱，人家不好我就不收钱。

听了也别生气，要我是你的话，五年内我不会创业，我会去找一个公司，好好工作五年。为什么说五年？我大学毕业的时候，在校门口碰到我的校长。校长对我说："马云，你到那个学校五年不许出来。"我拍一拍脑袋，回答说："好，我五年不出来。"没想到分配到那个学校，我一个月工资只有89块，而改革开放初的深圳可以给我1200元的待遇，很大的诱惑。我想既然承诺了，就不去。后来海南开放了，我可以去争取到3600元的待遇，我还是遵守承诺，就是不去。事实上，在学校教书的五年给了我很大的帮助。能够当一个好老板的人未必是好员工，但要想当一个好老板他首先应是一个好员工。不想当将军的士兵不是好士兵，但是一个当不好士兵的将军一定不是好将军。

3. 一个创业者最重要的，也是你最大的财富，就是你的诚信。

案例分析

郑女士，1969年出生，上海宝山人，大学时就有经商头脑，并一直认为自己可以做一个好商人。上个世纪90年代，她先后在知名的保健品公司和白酒公司做销售，曾经一年内把一个保健品的销售额从500万提高到1亿。1994年进入红酒业做销售代理。郑女士的公司最巅峰的时候，所代理的所有品牌的年销售额接近4000万元，年利润达400万。2000年7月，她认为自己的创业时机已经成熟，于是就停掉了所有品牌的代理，在苏州注册了“北美庄园”葡萄酒厂，新工厂的建设资金预计需要400万。

公司的组织结构很简单：最高层是董事会和CEO，下面是酒厂和三家销售公司。销售公司管理销售业务、销售人员、人事、销售目标和企业文化等等，她自己负责财务管理。

公司定位于中国高价位红酒的市场，2001年初，郑女士的酒厂生产出了第一批红酒，当年的利润达400多万。

但是，郑女士遇到了一些她没有想到的问题：曾经是合作伙伴和朋友的公司开始挖她的墙角，用高薪挖走她的员工，大批中层管理人员跳槽到其他酒厂。同时，建厂消耗了大量的资金，迄今在工厂上的投资已经1000万以上，远远超过当时估计的400万。

还有意想不到的，以前她很容易就可以从一家国企借到足够的周转资金，比银行方便多了。但是现在，因为国家禁令，这家企业突然撤资，45天之内从她的账户上抽回了200万！

如今，外面已经有了一些风言风语，说她的公司没有钱了，她的供应商也开始对她丧失信心，他们可能要求提前付款，而超市回款都要推迟2个月，指望银行贷款也无门，因为国内银行不愿意为郑女士这样的中小企业贷款。

郑女士现在四面楚歌……

问题：

1. 分析一下造成郑女士这种困境的原因？
2. 如果你是现在的郑女士，你该怎么办？

马云点评

我觉得造成这个困境的原因，郑女士以前是一个成功的销售，我们一些创业者是一个成功的销售出身，或者是一个技术出身。另外她犯了一个错误，上来以后就去做财务，她觉得她有销售技能，她管好财务基本上就解决了一大半问题。但CEO最重要的任务就是制定战略，制定战略有两个核心的东西，一个是人，另一个是财，人是最关键的。在整个创业过程中团队最重要，有了团队就可能管好钱、规划好产品，而她只抓了钱，财聚人散，问题就大了。所以，CEO的艺术就在于在人、财、物三者之间寻求平衡。

另外，要开诚布公地沟通，跟你的团队沟通。我觉得对于郑女士来说，这也许是重建自己团队的时候，彻底、干净地把所有情况跟大家分享，承认自己的错误，同时跟大家一起来探讨下面怎么做，我觉得该留的会留下，该走的也就让他走。

要解决资金流的问题，除了自己去借钱，还得做好销售。我们都碰到过这样的问题，1995、1996年，我们做中国黄页的时候，我也发不出工资了，离发工资的时间只有3天，我账号上只剩两千多块钱，而工资要发八千多块钱。那时候很残酷，我们的员工说没关系，我们两个月不拿工资也跟你干下去。但人家说两个月不拿工资可以，你得出去借，用你的诚信。

因此，我觉得一个CEO，一个创业者最重要的，也是最大的财富，就是你的诚信。如果我今天问熊晓鸽或者吴鹰借1000万，他们如果有钱也会借给我，这是基于我们平时之间的了解、信用。如果他不认识的人，即便就是借1万他也觉得不行。所以，一个创业者一定要有一批朋友，这批朋友是你这么多年来诚信积累起来的，越积越大，像我账号的财富，这就是每天积累下来的诚信。

4. 生存下来的第一个想法是做好，而不是做大。

案例分析

黄女士，1965年出生，云南人，在北京学过油画，后和男友一起回到家乡楚雄。

一次偶然的机会，她认识了当地一个养蜂人，发现他家里有大量的蜂蜡。她突然想到可以把这些蜂蜡做成蜡烛。她把自己手制、手雕的蜡烛拿到集市上卖，结果一次卖了200元。黄女士的蜂业公司就这样在小镇上诞生了，那是1994年。

小作坊的生意好得出乎预料，第一年销售额就达到了8万元。她的蜡烛在大城市里尤其受到欢迎，来自北京的订单很多，公司规模不断扩大。但黄女士也遇到了麻烦，首先是运输成本高得出奇，然后就是她雇的40多个人，都是当地的农村妇女，她们有一双勤劳的手，但不懂先进技术，这样她的产品只能是劳动密集型的手工制品。她也需要经理，而在这样的偏远山区，好的人才都不愿意来。目前蜂业公司每年的销售额已经达到300万，但黄女士清楚，这已经是她生产的极限了。

黄女士觉得自己必须搬到大城市。在联系时，北京房山方面给了她很大的优惠政策，她很快作出了“搬”的决定。北京的劳动力素质更高，但比云南贵，黄女士必须让生产自动化。她坐下来对生产线进行评估，决定将生产集中在蜂蜜护肤产品上，这意味着她的公司不得不改弦更张。

目前她有三个选择，必须马上做出决定：

一是留在北京，公司能够上一个台阶，她新招来的两个主管在营销和生产上的经验，将能够弥补她缺乏正规商业训练的不足。

二是搬回去，继续原来的生产，而且当地政府也提出可以给予一定的税收优惠。但她又将面对过去的老问题，公司的销售额可能永远也不会超过300万。

还有一个选择就是把公司卖掉，她自己感觉，公司的成长超越了她的专业知识和目标。一家300万元的公司吸引买家有点困难，但它在行业里已小有名气，对于潜在买主还是一个很吸引人的买卖。

问题：

1. 分析一下黄女士的问题出在哪里？
2. 你建议黄女士如何选择？

马云点评：

每个成长型企业都会碰到成长中的痛苦，几乎所有以销售为导向的企业都会遇到先求生存后求发展的问题。一旦生存好了之后就忘记了自己是为了生存。初创企业都希望迅速做大做强，但生存下来的第一个想法应该是做好，而不是做大，这是我们这么多年走下来的经验。

第二，我认为电子商务本身就是一个服务型的行业，是以服务为导向的。服务是全世界最贵的产品，最贵的服务就是不要服务。完善一套良好的服务体系非常重要。丢掉一个大客户不会让天塌下来，如果不利用这个机会去建立一套完善的服务体系，天就一定会塌下来。今天中国的服务是最昂贵的产品。服务是将来的趋势，收费最好，你要想把服务做好，就需要让你的客户不需要服务，形成一套体系和制度，不是安慰，不是去道歉。

马云语录

我不愿意和不喜欢的人交往。但是对于客户，哪怕你很不喜欢他，你也要尊重他，不要把客户当白痴。客户不喜欢你，一定有他的原因和理由。对于同事也一样，很多人因为不喜欢某个同事就不愿意跟他一起工作，你不喜欢他，可以不跟他做朋友，但一定要成为同事。作为创业者，最重要的是通过跟人打交道，通过团队协作才能拿到自己的结果。

5. 创业者书读得不多没关系，就怕不在社会上读书。

《赢在中国》选手简介

张奕多，男，1975年出生，硕士，工商管理学专业。

参赛项目

结合网络游戏的技术模式与远程教育的教学宗旨，开发一个游戏平台，把知识有机地融合于游戏之中，通过游戏来学习知识。

现场回放

马　云：你在盛大工作过多久时间？

张奕多：半年。

马　云：当时为什么想要加入盛大？

张奕多：我回国的时候，读完了MBA，那是2003年，我已经28岁了，我想我的经验不够丰富，需要去一些大公司里去锻炼一下。那时候我就听说了陈天桥的故事，那时陈天桥还不是特别知名，但是已经有了这样的故事，我觉得他这个人非常值得钦佩，我当时就跟盛大联系，回国以后加入盛大公司，我想从中学到一些东西。

马　云：为什么半年你就决定离开盛大？

张奕多：我离开的原因很简单，因为学的是MBA，在盛大应付这些没有问题，但是如果让我去并购，收购一家网络游戏公司，去研究这款网络游戏究竟受不受欢迎，客户究竟怎么看待这个网络游戏，在网络游戏这个领域我比不上80年以后出生的人。人在社会上应该做他最擅长的事情，在网络游戏里面我不如80年以后出生的一代，我应该做最擅长的，就出来做商战模拟领域。

马　云：你从盛大离开1个月，就创建这家公司。

张奕多：对。

马　云：你们公司跟政府有很好的关系，这跟你公司的发展有什么必要联系？

张奕多：我觉得作为一个企业，你应该处理各方面的关系，要跟各方面的人打交道，作为一个CEO,70%的精力就是跟人打交道。

马　云：为什么要强调政府关系？

张奕多：我们公司有政府北京天使投资给投资，对推广我们产品有很大帮助。

马　云：会不会让我联想说，你获6项大奖，你跟政府关系很好，是怎么拿来的，我会乱想的。

张奕多：这应该说没有必然的联系。只是当初我做这个项目的时候，它是一个教育项目，中国政府提倡科教兴国，提倡创新与创业，他们愿意支持这样的项目。

马云点评

小张我觉得，你整个计划讲得不错，这个计划也做得很成功。你做事比较稳重，也很理性。但是我觉得这个计划竞争会很激烈，也很难做到。另外一个建议，创业者往往是开拓者，你在MBA学了很多知识，未必可以让你去创业。创业者最大的快乐就在于创业过程中去学习、去提升。很多时候是创业者因为自己搞不清楚而去创业，当你搞清楚以后就不去创业了，所以创业者书读得不多没关系，就怕不在社会上读书。

6. 赚钱模式越多越说明你没有模式。

《赢在中国》选手简介

张莉，女，本科，传媒专业。

参赛项目

北京古北口历史创业产业园。与政府合作，完成规划整合和运营，商业模式是旅游产业与现代创业联合，旅游产业主要是修复和开发，和后边的配套建设和运营，创意产业主要是古北口影视剧和长城支点网络游戏和旅游线上线的体现。

现场回放

史玉柱：我想问几个具体的项目上的事。第一个，你这个投资有多大？

张　莉：整个项目的投资应该是以亿计算，大概是在5个多亿以上。

史玉柱：这次得了第一名，对你来说够塞牙缝的。

张　莉：您说得非常对，我和我的团队把这个项目看成一个种子。3年前发现了这个种子，这3年之中用我们有限的资金和我们的激情，我们的社会资源和我们的智慧给予这个种子养料和阳光。那么我想这1000万会是一个种子基因，用1000万撬动上亿的项目。

马　云：用1000万撬动5个亿的投资，你怎么做?

张　莉：对于这1000万我们称之为种子基金，大概是这样安排的，第一，这个园区是一个双层的范畴，有旅游度假区，有产业区。我们需要一个高质量国际化的规划。尽管我们有规划，我想一个真正高质量的规划，对于未来进入的投资者和对于未来的市场，我想都是非常必要的，这会有一部分的投入，我想我们不会吝惜在这方面的投入。第二，我们3年来在这里做这个项目，一直也在思索，我们的这种开发思路，包括我们对项目的定位，对市场一些预测，自己调整自己的思路，我们做了大量的工作。对于这个项目的商业规划，我觉得我们这个团队做得不够，做得不完善。包括我今天站在这儿，除了希望获得资金的支持，也希望获得平台。全国有十几亿的观众，如果有一个人认同我们的团队，跟我们一起合作下去，无论今天的结果如何，我都是成功的。

马　云：那你们主要的赢利模式，也就是你的收入主要是什么呢？如果投资了你这1000万，或者是到了5个亿，你的收入从何而来？

张　莉：我们的赢利模式一方面是传统的旅游收入——门票，还有旅游购物，这在古镇得到非常好的消化。

马　云：到这个镇上要买门票？

张　莉：它不仅仅是一个产业园，也是一个度假区，门票是一部分，包括旅游的综合收入，包括刚才提到的几个要素，很可能像餐饮、住宿，包括娱乐的部分。我们现在的规划是计划在古镇之外做配套设施，这样的话对古镇原生态的保护，对于环境的保护会是一个比较好的保障。旅游收入仅是一方面，另一方面我想会是在刚才谈到的创意产业，既然是一个产业，从它的规模，从资源的产品化、市场化，如影视剧的发行，这是一部分收入。还有我们这个网络游戏，线上线下的互动，因为线上的收费部分，可能不一定非常明显，但是它给旅游景区带来其他的收入，可能会是非常显著的。还有就是刚才提到的会展、培训和影视基地，都会有一定收入。在不拍摄的时候，或者是在拍摄的同时，也可以请观众、请游客去体验。在影视剧当中的典型东西，非常有特殊性的东西，我们会批量生产，可能游客会购买，因为它有一种精神。

马 云：你有没有觉得你在做镇长应该做的事情？

张 莉：经过我们在古北口当地3年的投资和运营，我们的团队希望通过《赢在中国》这个平台来找到突破口，在整个操作过程中，前期靠的是金钱，一种使命感。一个人一生中有一件事你干的会是跟长城有关的，而长城每个人都有深刻的体会，是中国文化和精神的象征，会觉得这是非常有意义的事，而且从资源来说也非常好，对着北京的市场。为什么做了3年？我们到今天一直没有我们出发时候想象的前景，无论跟市场的对接，还是跟资本市场的对接。所以我们也在想这个角色，那么我们在跟政府合作推进这个事的过程中，觉得这个项目脱离政府是不可能的，完全依赖政府也不现实。所以这个过程中我们也在思索，把这个企业，它的资源，它更多的商业模式，融入到一个事业当中，才能跟政府真正做到刚开始说的。

马云语录

诚信绝对不是一种销售，更不是一种高深空洞的理念，它是实实在在的言出必行、点点滴滴的细节，所以诚信不是能拿来销售的，也不是能拿来做概念的。

马 云：你在这个过程中是什么职责，是CEO，还是镇长助理，你现在有哪些职责？

张 莉：我想从过去到现在，我可能一直在承担着一个职责，就是一个公司CEO的角色。

马　云：CEO？

张　莉：对。虽然说我是常务副总经理，但是因为我的搭档他也是一个文化商人，他有大量的时间花在其他的文化事业方面，这个项目3年来一直投入，没有赢利，所以我们必须自己活下去。

马　云：你负责一个企业集团的企业文化，你们是怎么负责企业文化的？

张　莉：可能要谈一下，就是说评委也许一会儿也会问到，我既然在创业做这个事业，为什么中途有一年离开。2003年跟搭档一起做这个事情的两年之后，我当时感觉到特别无助。因为从个人能力、我们团队当时的资源，承担这样大的项目，我觉得有特别大的压力。可能我个人并没有特别大的野心，或者是什么样的目标，但是我觉得如果这个机会给予了我，这份责任给了我，我不把它做好我没有办法面对自己。选择了学习，我上MBA的研修班，有一位同学，河北有一个企业，正好在一个很偏僻的小镇上做了很多年，效益也不错，但是从企业文化来讲基本是一片空白，这样我们达成一个一致，我在这一年的学习过程当中去兼任，帮助他做企业的文化，

马云语录

在公司里，最核心的问题是根据市场去制定你的产品，关键是要倾听客户的声音。市场打进去了，到一定程度的时候就必须倾听客户的意见。一切产品，都必须倾听客户的意见，必须搞清楚客户到底需要什么，这样我们才能确定怎么生产，确定如何满足客户的需求。很多企业前面的成功往往为后面埋下了更大的失败，因为他们不清楚自己为什么会成功，像赌博一样，一开始是赢了，第二次还是照原来的套路，但市场和周围的环境是变化的，而他们不了解客户和市场需求的变化。所以，成功了，要了解为什么会成功；失败了，更要搞清楚为什么会失败。

当时通过跟工人们在一起，就在化工集团的院子里办公，当时提了三个企业口号：“创造价值、提升价值、共享价值”，我觉得对于我们那个企业来讲是非常合适的一个理念。我还自己做责任主编做了一个企业内刊，叫楷越人，每一期都是普通的工人投稿，我也写刊首语，包括企业最新的决策，包括下面工人的所思所想，包括企业的一些大事记，有好的，有不好的披露。第一次让企业有了这样一本内刊，据工人说非常好。我今天带来了，觉得不是很精美，从文学角度来讲也比较有限，但是它反映的是我们工厂的状况，还有员工手册、名片、户外广告一系列的工作。

马云点评

张莉，熊晓鸽和史玉柱都讲了，我觉得你很能讲故事，讲完以后我想去看一看。我看了你的册子，听你讲会所，如果你光讲会所我会很有兴趣。我问你怎么赚钱，赚钱模式越多越说明你没有模式，其实最好的模式是最简单的。我们创业者永远记住，全国的眼光也要当地制胜，一个全镇的眼光是小店制胜，先一步步踏踏实实往前走才会有这个机会。创业的时候，我建议大家要做自己最容易做好，最喜欢最容易做的事情，别挑一个特别大的。企业永远做该做的事情，别去做政府该做的事情，那会很累。我感觉你个人的素质特别好，特别是做市场，但是不一定做整个计划设置，这里面我需要有建议，今后故事讲得非常美好的时候，要落到很小的一点你怎么去做它，完了以后才能往前走。还有你讲创业者要跟资本沟通，创业者首先要跟客户沟通，跟自己沟通，因为你的项目是资本，资本很难跟你沟通。因为你太大了，一听1000万撬动5个亿，我估计史玉柱有这个本事。我的想法是学会跟客户沟通，如果客户用你的产品以后，资本会想办法跟你沟通。

7. 最优秀的模式往往是最简单的东西。

《赢在中国》选手简介

林天强，男，1970年出生，硕士，金融专业。

参赛项目

以新媒体技术和新商业模式重新整合影视生产发行产业链，将投资风险和垄断利润合理分配到各环节，使得收益和风险匹配，从而使中国历史文化资源和影视生产要素得到有效的利用。

现场回放

熊晓鸽：前面说了半天都是瞎扯，实际上是短片公司。我听明白了，你要拍短片，拍跟现在不同的片子，新电影公司。

林天强：我要解释一下什么叫新电影，因为电影是艺术，但是它是技术引导的艺术，电影是商业，是技术引导的商业，电影是政治，它是技术传播的意识形态。

熊晓鸽：你的短片跟新电影发行渠道不一样，通过手机，通过互联网等等，因为你最后的收入是看电影的人付你钱，是这个意思吗?

林天强：对。

熊晓鸽：你前面一步有点像 RND 研发机构，有点像开发的公司对吗?

林天强：对。

马　云：好像不是这样的。

熊晓鸽：他说是这样的。

马　云：我估计我也听错了，我挺好奇，因为我刚好是华谊兄弟的董事，我对电影很有兴趣，我不是导演，他们最忌讳你把下一步电影给讲出来。这帮人打死都不说，你还搞博客让人参与，那故事还有人看吗?

马　云：我跑到电影院看一部我知道的故事，看他们演得好不好?

马　云：这玩意儿跟其他导演，冯小刚导演探讨差不多，大家稀里糊涂地加一些故事，回去以后编

马云语录

网络上面就一句话，光脚的永远不怕穿鞋的。

一下，跟你的新电影有什么区别？

林天强：我们新电影改变传统产业链，不能让电影成为随机拍脑袋的东西，让电影成为流程。有创意的很多很聪明的网民，受过高等教育喜欢电影的人都愿意参与到电影策划当中来。

马　云：感觉像《甲方乙方》一样热闹一次。

林天强：不一定是《甲方乙方》，我们现在和国务院发展研究中心企业研究所和大学有一个项目，收费很高，一个学院是二十多万。我也是做新电影，通过电影来谈管理，我们的电影花这么多钱，这么多聪明人费尽精力想讨你喜欢，想让你高兴，想让你获得知识，比商学院好得多，我提供的这些产品会很好。

马　云：培养一个明星出来不是很容易，培养工商管理硕士容易，像章子怡就那么一个。

林天强：叫做风险投资，选择几个人。

马　云：你跟他们签合同，我付100万，保证让我特有名。

林天强：一定能保证你特有名。

马　云：新电影网络平台，除了你刚才讲的博客以外，其他对你新电影有什么帮助？

林天强：在网上我建立了新电影超市，我们有一个数字版权在线直销或者在线分销。比如说新开的投资的电影，如《指环王四》，现在我有一个片花下载下来，别人一看说我得看一看，电影院很远，旁边会出来一个标，一点标通过UIP就可以购票，马上实现销售，取得收入。不仅是电影票，还有游戏点卡，比如说音碟，比如书。

> **马云语录**
>
> 我并不在乎别人怎么看我，但我在乎自己怎么看这个世界。

马　云：这种东西先进吗？

林天强：技术永远不是先进的，关键是不是一个生意，关键是我们能不能生产产品。

马　云：你这个东西到底怎么挣钱？收谁的费？

林天强：卖了票和电影院有分成，主要靠电影票收钱。跟电影业相关的还有很多产品。

马　云：告诉我三个你最能挣钱的东西？

林天强：书，音碟。

马　云：听见没有，这个故事跟我们不一样，书，还有音碟。

林天强：都是和电影相关的。

马　云：可收的钱，都是一点点。

林天强：我可以大量地积累啊。你现在没有完全看明白商业模式，我感到很庆幸，你要模仿我就觉得很危险。

马　云：就因为我听不懂，你觉得就是好模式。

林天强：但是我能做到就可以。

马　云：我将来想做教育、农业和环保。我小时候看电影，所以投资电影是一种教育，我希望投资的公司能拍出好的电影、好的电视剧，这样对中国教育有帮助，我纯粹是这样。

马云点评

我觉得林天强犯了一个大忌，你的模式说不清楚，我也不知道，但是我一定能做出来。我碰上很多人这样，我不知道怎么做，但是我一定能做出来。这个是很忌讳的，你要讲清楚，最优秀的模式往往是最简单的东西。尤其初创的时候寻求单一简单很重要，我们最怕一个人说我有机会生一个蛋，这鸡说不定变成奥斯卡的金牌鸡，越说越悬、越跑越远，这是我们的一个建议。你的模式要单一，简单，会说清楚，不要怕单一别人会拷贝，别人不一定像你一样特别想把这件事情做出来。优秀的公司模式都是单一的，复杂的模式往往会有问题，尤其是刚刚初创。所以我觉得电影这个行业前景我非常看好，现在整个中国电影市场三十几个亿，跟中国经济增长一样是有很大的前景和空间发展的。

8. 建一个公司的时候要考虑有好的价值才卖。如果一开始想到卖，你的路可能就走偏掉。

《赢在中国》选手简介

王阳，男，1982年出生，本科，经贸专业。

参赛项目

第二代候车厅媒体，随着区域经济的增长和城市的发展，二级城市和三级城市受到商家的尊重，候车厅媒体作为一种城市的基础设施，它很好地规避了政策波动带来的风险，又为广大的市民出行提供了一个很大的方便。

现场回放

马　云：步行街不应该有候车亭吧？

王　阳：城市和城市是不一样的，我们那里有。

熊晓鸽：一个成本多大？

王　阳：一个的成本，我给你看一下效果图。像这种两块的广告版的成本，大概是在5万块钱左右一个。像这种单体的大概就是3万左右一个。

熊晓鸽：谢谢。

主持人：好，马云。

马　云：我觉得第二代候车亭名字挺有意思的。第一代是电线杆底下的。这是一个概念。如果说你这个最需要资金的话，那这个进入门槛会非常低，别人进来的速度会很快，你觉得你会怎么对付竞争者进入这个领域呢？

王 阳：这个问题可以从两方面来回答你，第一方面是我在大集团有工作经验，就是TOM网站户外，我很有幸参加了这个过程，在中间学到了很宝贵的东西。我们团队一部分是来自TOM网站户外，我们整个一套流程，很快占领了这块资源。再是资金的问题，我回去原打算把我的房产做抵押，用钱建。我在大集团服务过大客户，有良好的合作关系，所以我的客户群是非常庞大的。

马 云：你在TOM网站一年不到，你是怎么建立的大批客户？一年以内这些客户都跟着你走，你有什么独到之处？

王 阳：其实是这样，在TOM网站户外工作这段时间，我开始是从事媒介工作，就是开发新媒体，这期间之后，我又在总经理助理这个位置，之后TOM集团又收购哈尔滨机场的户外广告，是我去跟他联系的一个项目。所以说全程的活动我都经历过。所以有这样的经验。我们跟飞恩公司是做链接的，他自己没有媒体，只要你的媒体好，他一定会去做。

马 云：我问你11个月之内怎么建立的，你刚才讲到都在谈判，收购，做总经理助理，一会儿在大连，一会儿在长春，你怎么建立这些客户？

王　阳：我们有一个客户的档案，之前是做销售的，逐个地打电话拜访，这是一个，因为我们TOM户外集团在国内属于第一大集团，客户群非常庞大，媒体是最优秀的，客户选择最优秀的客户。

马云语录

小企业成功靠精明，中等企业成功靠管理，大企业成功靠的是诚信。

马　云：你为什么会选择广告业？因为你是运动员出身，怎么会做到广告业？

王　阳：是这样，运动员和广告业其实没有很必然的联系，但我的公司叫长春德高体育文化传媒有限公司，我爱好体育，所以有体育和文化。接触户外市场是一个很偶然的机会，我加入TOM集团之前在高尔夫球会从事销售工作。我一直爱好体育的项目，我发现现在全国有大概十万家的广告主做这个事情，基本上有五万家是从事户外广告的。为什么从事的人数这么多，我分析了一下，因为它的利润是很高的。

马　云：因为利润很高，所以你选择了广告业？

王　阳：对。还有一句名言，不当总统就要当广告人，所以我选择了副总统，谢谢。

马　云：你有没有发现你每年换一份工作，你刚才讲，你们这个行业里出来的人都是TOM出来的，你们这个行业不断进去，不断出来，这些人都是你们行业的，那会不会把你的客户带走了？

王　阳：的确是行业存在的一个问题，行业之间来回跳槽，在广告行业这是很普遍的一个现象。我是这么想的，我们有一份共同事业，在未来做大之后，其实我首要的一个目的是把户外广告，因为资金有限，当作一个商品来出售，得到现金了，给大家一部分的股份来稳定军心。至于说以后怎么样，就是看个人的发展方向和需求的问题了。

马　云：你这家公司将来的明确目标是什么，一般广告公司做大了以后会卖，你会卖吗？

王　阳：会，一定会卖。

马　云：什么情况下会卖？

王　阳：价格合适的情况下，而且谁给我钱多我卖谁。

马　云：我问你，你的公司在什么条件可以卖？达到什么样的条件？

王　阳：是这样，我计划发展到一千座候车亭，覆盖五个省，十个城市，达到这么样一个规模的话，我就可以跟熊总去谈了。

马　云：跟熊总去谈，为什么？

王　阳：其实这个很大，不一定是传媒集团来收购，也有风险投资关注这个事情。

马　云：你估计什么时候能够做到五个省十个城市呢？

王　阳：如果没有外界帮助的话，靠自身的发展，我想用五年到六年的时间来达到这么一个规模。白马曾跟我谈过这个事，他有兴趣收购，但是最后没有实质性答应他。因为我的筹码太小，我的价格就上不去，所以这个事先搁一搁。

马云点评

首先回答刚才那个问题，就是选项目还是选人。我觉得项目和人不应该是矛盾的，优秀的项目必须有合适的人，优秀的人也必须要合适项目，然后再加上合适的时间才能成功，所以我选的时候一定从这个人和这个项目，以及是不是合适的时间，来看问题。有的时候这个项目很好，人不行，有的时候项目不成熟。曾经有人问过我问题，问我喜欢一个能干的人还是听话的人，我说是的，他必须又能干又听话，因为听话本身就是能干的表现。

王阳，你的潜力蛮大，但是你的项目是进入了一个红海，进入到一个几乎到处是竞争，充满竞争的一个领域里面，我觉得你进入的壁垒也不是很大，就《赢在中国》这个风险投资的项目来讲，毫无疑问，对你这个项目投资并不合适。我给你的建议，尽可能在当地找战略投资者，拥有资源的战略投资更为合适一点。另外我在你身上看到了很多优秀的品质，执行力、自信、目标非常明确，军人应该有的素质你都有，当然我也看到了有时候目标太明确，说得不好听是功利心太重，你建一个公司的时候要考虑有好的价值才卖。如果一开始想到

马云语录

最大的失败是放弃，最大的敌人是自己，最大的对手是时间。

卖，你的路可能就走偏了，这是给很多80年代的人的一个建议，做任何事都要有时间。80年代的人不要跟70年代，跟60年代的人竞争，要跟未来，跟90年代的人竞争，这样你才有赢的可能性。对60年代的人，跟70年代的人学习，但是对未来，你要竞争。人不要一开始就必须建立原始积累，还应往前走，因为我看到很多出色的人一开始都是功利心太强。这是我给80年代人的建议。

9. 人要有专注的东西，人一辈子走下去挑战会更多，你天天换，我就怕了你。

《赢在中国》选手简介

钱江，男，1970年出生，硕士，计算机、经济管理、工商管理硕士专业。

参赛项目

婚恋交友网站——百合网。通过科学的心理和情感分析，让客户在客观了解自己的基础上，通过计算机技术，分析客户数十个影响婚恋幸福的性格特征，并根据这些性格特征为客户推荐合适的交往对象。

现场回放

马　云：你结婚了吗？

钱　江：结婚了。

马　云：你讲婚姻那套，感觉你像婚姻监理。

钱　江：是这样的，我是巨蟹座，很多专家跟我说巨蟹座的特点是恋家，我也是特别恋家的一个人，所以我希望我做的业务也是跟家庭关系连在一起的，所以我们现在的目标就是做叫做人生关系的一个生命周期，实际上我们现在已经做了匹配这一块，然后再做新业务就是结婚这一块，那么再往下就是婚姻的咨询和服务，包括小孩。

马　云：好，比方说我弟弟下礼拜要结婚，你得跟我讲讲，我为什么用你们公司，用你们公司的好处是什么？

钱　江：用我们公司，下礼拜要结婚。

马　云：我弟弟结婚。

钱　江：会稍微有一些困难，因为监理最大的价值在于前期的参与谈判和策划。

马　云：那下个月结婚，提前一个月。

钱　江：对于用户来说最大的价值首先在于我们帮助他们和这些服务商谈判。

马　云：哪些服务商？

钱　江：实际上在结婚过程中最主要的一个是婚纱。

马　云：你帮我谈婚纱的价格是出租价格还是买的价格？

钱　江：不仅是价格，还包括整个服务的内容。婚庆服务是很复杂的，比如说你在哪里拍照，你在什么样的天气条件下怎么样拍照，比如天气条件不像预测的那样，那天如果下雨和阴天会是什么样的，你中间拍摄什么样的婚纱要准备多少鞋等等。

马　云：就是婚纱拍摄。

钱　江：婚纱摄影，第二笔费用就是戒指和首饰的采购。

马　云：戒指我肯定要自己买，我不会让别人买，对吧？

钱　江：第三块最大，婚庆服务最大的是婚庆典礼，这对新人来说也是最头疼的一块。我参加过的所有的婚礼没有一个不出磕绊的，当你和婚庆公司谈判的时候，尤其小的婚庆公司很没有信誉，他给你说提供林肯的车，到之前说车出了问题，现在要给你换一辆奔驰车，但是要多花一千块钱。

马　云：现在还有这样的问题？

钱　江：有。

马　云：农村多一点是吗？

钱　江：在城市也有这样的问题。在北京上海问题会少一些。

主持人（王利芬）：你已经长期脱离人民群众了。

马　云：没有脱离，我担心他脱离人民群众，现在借车很容易。

钱　江：不是借车的问题，实际上并不是婚庆公司没有车，而是他借此来增加自己的收入。

马　云：那还有一个就是典礼借车。

钱　江：然后就是蜜月旅行。

马　云：蜜月旅行？

钱　江：蜜月旅行又是很大的一块费用。蜜月旅行的质量实际上也是很繁琐的，总体来说婚庆是十分繁琐的组织种类，产品的种类极其多。

马　云：我理解，接下来你怎么监控他们？

钱　江：是这样，最主要的监控从前期谈判开始，谈判的时候把具体的条款谈清楚，一般新人第一次看到这样的条款都会头晕脑涨，因为那里面用到很多行业内部潜规则，新人一般很难理解，因为对绝大多数人来说这都是他们人生的第一次。

马　云：虽然是第一次，但是很多人会告诉大家怎么做，爸爸妈妈都

马云语录

今天很残酷，明天更残酷，后天很美好，但绝对大部分是死在明天晚上。所以每个人不要放弃今天。

会告诉他们怎么做。

钱　江：即便像我这样年龄段的人和比我小十岁的人，他们所面临结婚时提供的服务都不一样，我敢保证五年以后的婚庆服务，产品更新率更高，创新才能够增加高利润。这种发展是一般的人无法跟踪的，只有行业内的人跟踪，这是前期的谈判。那么后期就是说在服务提供的过程当中要抽重点的时刻进行监督，还有就是在产品提供的时刻要全程跟踪，比如在婚庆典礼整个过程要跟踪要准备做好后备工作，比如说如果在一天之内如果我们有一百个婚庆在北京同时发生，那我们可能要准备五辆多余的婚庆典礼车，以备后患，这样的保证是一般婚庆公司无法承担的。

马　云：我明白，一般的婚庆一个人准备婚礼需要多少钱?

钱　江：现在是这样，在北京和上海平均的费用已经是3万到10万左右，据最新的调查在北京和上海现在四成以上的婚礼是在10万以上。

马　云：我们说5万一个婚庆，你收50块钱，五五二十五，你收2500块钱。

钱　江：我们估计平均的监理费用大概在4000块钱，真正使用婚

马云语录

对所有创业者来说，永远告诉自己一句话：从创业的第一天起，你每天要面对的是困难和失败，而不是成功。我最困难的时候还没有到，但那一天一定会到。困难是不能躲避的，也不能让别人替你去扛，任何困难都必须你自己去面对。

庆监理的往往是相对来说比较高端的客户人群。

马　云：4000块钱，一个人做得好，一个礼拜可以做两到三个，一年内中国婚庆最多的季节都是有限的，五一节，十一，春节期间，不是每天都有，不可能每天都有婚姻。

钱　江：而且往往都是在周末，但是基本上每个周末都有很多婚庆。

马　云：如果说每一个平均是4000块钱，一个月如果做六场，24000一个月，这些人应该是结过婚，又是本科毕业，还得每天跟人家谈这个谈那个，像顾问一样的工作。

钱　江：是一个礼拜。

马　云：你有多少员工做这个事儿?

钱　江：到2008年我们大概会有150个人左右负责这个婚庆监理工作，他们要服务的客户一年大概是一万人。

马　云：150个人服务一万对婚姻。

钱　江：对，一万对婚姻，北京今年的结婚大概在10万到12万左右。

马　云：好，谢谢。

马云点评

钱江，我是觉得你刚才讲的最大的服务就是电子商务，电子商务本身就是个服务行业。我是觉得你这个买卖挺好，因为这两天我听到的绝大多数都讲1000万变成几个亿的伟大事业，中国现在需要的是

马云语录

冬天寒冷的时候，我们提出的口号是："坚持到底就是胜利"。只要我们活着，不死就有希望。

有个两三百万的投资可以做一两千万的生意，我觉得这挺好，我们就鼓励隔壁王大妈为什么把面店开得那么好，开得挺滋润的，中国的创业者要有伟大的梦想，一点一点做起。你的生意本身为别人做婚介挺好，但是是个服务性的行业，很难标准化，换句话说熊总讲你不需要投资，你用不了那么多钱，而且人才培养很难规模化。我确实在你们两个里面犹豫了很长时间，但我相信观众会选你，所以我不选你了。或者别人会选你，但让我放弃你的最重要的一点是你在后面回答熊总问题时说这是一个新挑战，我觉得你太想挑战新的挑战，我怕投了钱给你你又有新的挑战，人要有专注的东西，人一辈子走下去挑战会更多，你天天换，我就怕了你。

10. 记住，关系特别不可靠，做生意不能凭关系，做生意也不能凭小聪明。

《赢在中国》选手简介

翟羽，男，1981年出生，本科，商业管理专业。

参赛项目

龙腾P2P媒体点播系统，利用龙腾P2P技术对原有设备与网络带宽改造和扩容原有运营商的视频点播系统，收取一次性的改造费用，与省级和总部级运营商合作打造统一的视频点播商业模式。

现场回放

马　云：幸亏吴鹰懂了，我听了比较糊涂，我觉得这个东西估计不错，吴鹰听得懂就好。我想问一个问题，你这个东西是你发现的，还是发现很多人在做，你是怎么想出要做这个东西？

翟　羽：是这样的，我是一个B2B坚决拥护者，我在B2B行业做了很多事情，虽然不是很有名，我是B2B运营商的发起者，目前来做媒体规则者。跟王志东和高红宾交流的时候，我发现他们跟我做一样，现在产品做完了，没开始推。所以我发现这个东西非常有商机，因为我没有那么多资金和人力去调查，我发现我碰巧做对了这个市场。

马　云：你在2002年和2003年创办启明时代这个公司，为什么不做了，当时的想法是怎么样的？

翟　羽：当时那个公司是我离开惠普之后第一个创业公司，当时没有生意，本来我有一个合伙人，要拿40万，其中10万开一个公司的，他钱没有到位。当时我谈了一个108万的项目，但108万的项目只给你5000块的项目预付款，问我做不做，我就做了。利用惠普的名誉，用我公司的远期指标拿过来，这样倒来倒去，把生意做成了。做好了我又做了两个单。合伙人又把钱拿过来了，做两个单的过程当中，赚的钱他给我买车，买了两辆车，我就没有钱了。说明我对财务观念和经营理念、股东股权不懂，我只是一个赚钱者，虽然能赚钱，但是经营是一个傻瓜。后来我不跟他合作，结果他欠了6万块钱，我应分到几十万，但也没分到。后来我就出国了，去学商业管理了，因为我觉得这方面被人骗得太惨了，回来准备再搞一次，看我能不能行。

马　云：在澳大利亚读两年书你又成立了一个公司?

翟　羽：对。

马　云：那个公司怎么样?

翟　羽：读书时候没有成立公司，读书时候没有钱，口袋里最少的时候就剩10块钱，跟同学借，家里又给我寄钱。早上上课，下午也上课，晚上陪老婆逛街。我想快点毕业，想快点走，我实在支付不起那么高的费用。临毕业三个月发现一个商机，家长把孩子送出国去之后，孩子能毕业的概率太小了，但他们都喜欢拿一个毕业证回去跟父母交代，我发现一个商机，很好拿学位的办法，代理一个学位在线，我就从这当中赚钱，很快我积累了原始资金，我就逃回来了，成立了现在的公司。

熊晓鸽：卖假文凭？

翟　羽：不是假文凭，那是有备案的。

马　云：你去澳洲你第一家公司没干好，你就去学商业，到了澳洲之后你支付不起那笔费用。你去之前知道有多少学费吗？

马云语录

永远不要跟别人比幸运，我从来没想过我比别人幸运，我也许比他们更有毅力，在最困难的时候，他们熬不住了，我可以多熬一秒钟、两秒钟。

翟　羽：知道有多少学费，我认为当时还能付得起，但是去了之后完全不是想象的那样，我去了之后发现花钱太快了，远不是我消费能力可以承受的。

马　云：吴总问了你N多问题，现在公司要做，你有关系，你有技术，技术是你开发还是别人开发的？

翟　羽：团队。

马　云：你懂吗？

翟　羽：我懂。

马　云：你该有的都有了，什么东西你没有？

翟　羽：钱是肯定没有的，这个问题不想这么回答你马老师，因为我曾经跟田园老师说过，聊了很久，他非常支持我，最后他给了我一句话，他说如果没有一个在商场中有名望有地位的真正的企业家推荐你的话，也许你就不会成功，但是我说了推荐你也许会改变你后半生。

马云点评

翟羽，我觉得你非常聪明，我给你一些建议，这世界最不可靠的东西就是关系。因为没有钱，没有团队的时候要靠关系，我们这些人都一样，尤其我一样，我更没有关系，没有钱的，记住，关系特别不可靠，做生意不能凭关系，做生意也不能凭小聪明，做生意最重要是你知道客户需要什么，你试试再创造下去，一定要坚持下去，一定会有机会。

11. 不要贪多，做精做透很重要，碰到一个强大的对手或者榜样的时候，你应该做的不是去挑战它，而是去弥补它。

《赢在中国》选手简介

王强，男，1983年出生，电子商务专业。

参赛项目

搜购吧网站（www.sogouba.com），以折扣优惠为核心卖点、以收费会员为主要客户，为现代商业与时尚消费者搭建的综合网络消费服务平台。

现场回放

> **马云语录**
>
> 每次打击，只要你扛过来了，就会变得更加坚强。我又想，通常期望越高，结果失望越大，所以我总是想明天肯定会倒霉，一定会有更倒霉的事情发生，那么明天真的有打击来了，我就不会害怕了。你除了重重地打击我，又能怎样？来吧，我都扛得住。抗打击能力强了，真正的信心也就有了。

马　云：你从2005年3月份创办一个公司，4月份创办一个公司，6月份创办一个公司，8、9月份分别都弄了一个公司，你的出发点是什么？为什么要创办那么多公司？有的是一个月一次，这是什么意思？

王　强：因为马老师理解错了，我没有创办公司，其实我真正涉足的行业就是刚才像熊老师说的是一个互联网，一个服装业，我刚开始做互联网的时候，因为是白手起家，没有任何钱了，就只能做一些很基础的公司，类似于互联网公司，很简单的，卖个空间，代理做个广告，甚至做个雅虎的推广，如果说连域名都不能卖的话还能叫互联网公司吗？我也需要零碎的小钱去做我自己真正想做的东西。

马　云：两件事，第一个，很多互联网公司不卖域名，第二个，下一次写简历的时候注意一下，直说我是看糊涂了，我们觉得你每个月都在做一家新的公司，是你表达不清楚，还是大家都听错了，肯定是你自己有一点问题。

王　强：马老师，我刚才上台的时候又给了一份新的。

马　云：这份新的也不少。我想问一下，你觉得网页和网站的区别是什么？

王　强：我认为从技术角度来讲应该是一个数据库的区别，如果从服务的角度来讲的话，网页只能够起展示作用，相对的页面数量比较小，网站页面数量比较多。

马　云：到去年年底为止，你有1000家的卖家，等于入住的商户，有4000个是收费的客户。按照每个月20％的递增到今年开始到底多少？

王　强：现在我有点不清楚了，因为参加《赢在中国》有好长时间没有在公司了。

马　云：你就到上个月月底。

王　强：对不起，这个问题我回答不出来，我也不想说假话。

马　云：你用手指头也得记下来，你有多少客户，刚才熊总问的问题，别人付你100元，三个最独特的价值点是什么？你刚才讲了一大堆，就说三个。

王　强：第一点肯定就是使用我的服务可以节约他们的钱，我们的商户都是很权威的，尤其在秦皇岛地区各行各业的领头都是我们的签约商户，像我们当地的大商场、像新华书店、海尔电器。

马　云：海尔电器为什么到你那儿去开店呢？

王　强：不是开店，我们不愿意商家主动来找我们，即使来找我们，我们也要审核。一般是我们主动出击的，我们觉得你比较好，我们才会和你签约，把你推荐给我们的客户、推荐给我们的会员，所以像海尔这样好的技术企业我们绝对不会放过，当然不是海尔总公司，是海尔秦皇岛地区的。

第二点就是我们的服务很多资源来自于商家，不是我们自己所能掌控的，所以我们提出很多先进的服务理念，比如像我们执行最终议价和折上折，有的商家类似于专卖店有些商品常年在打折，还有一些店是可以搞价，你必须给我最终议价再打折，如果不同意，这个商家无论再大，我们都不签，商家如果发生了意外，你没有兑现给会员真正的折扣，我们商家会给会员特别多补偿。

马　云：要求比 VC(风险投资商)还要高?

王　强：确实很多，因为我们对商家的服务都是免费的，我们通过会员消费商家，既然不出钱就要出力。第三点我们还有很多的多元化服务，因为这种项目有人在做，但是没有做得比较成功的，会员发生的最大难点就是在消费的时候不知道哪个商家会给我打折优惠，有的时候在办公室我上电脑去看，比如我今天走在大街上的时候，在大街上想吃午饭了，我是搜购吧的会员，但是我不知道哪家打折，但可通过 Web 网站的查询，非常方便，这只是我们的第一步，我们后来还出了很多新型服务，始终围绕着让会员消费越来越便捷，出现的问题越来越少。

马　云：我问一个可能跟我们有点关系的，不算做广告，淘宝网如果跟你竞争的话你会怎么做，因为要说便宜的话，它肯定比你便宜得多，因为你总共只有千家，它有六十几万家店，你怎么比它更便宜呢？

王　强：直面对手的竞争。

马　云：人家还没把你当对手，你凭什么可以比它更便宜？

王　强：店家数量的少不是劣势，淘宝网做的是全中国，我们做的是一个小城市，而且我们这边开放的时间、发展的时间相对较短，如果按照比例的话，我觉得淘宝网不是我们搜购吧的对手，这跟做得早、跑得快有关系，另外我们和您竞争是有区别的，如果您来和我竞争的话，我特别有信心能够打败您，就拿积分来讲，很多网站的积分不值钱，不值钱的积分会员都不愿意看到，而我们网站的积分卡都是拿钱换来的，会员不愿意倒戈，因为商家要挣钱，多少他不在乎，只要他不拒绝我，我就有资源，只要我有资源，我就有和您竞争的机会，就是这样。

马　云：你们相信做生意有风水吗？

王　强：我可能年龄比较小，生活在一个科学时代，我不太相信这个。

马云点评

> **马云语录**
>
> 100个人创业，其中95个人连怎么死的都不知道，没有听见声音就掉进悬崖，还有4个人是你听到一声惨叫，他掉下去了；剩下一个可能不知道为什么还活着，但也不知道明天还活不活得下来。

我觉得你很有能力，也很年轻，不投你的原因就是你想做的东西太多，想得太多，想做的也太多，其实你刚才那句定义80年代创业的话，年轻人创业的时候都会犯的一个错误，我希望每个人来用我的产品和服务，这是不可能的，定位要准确才能做好，对所有的创业者，包括你也有一个建议，少做就是多做，不要贪多，做精做透很重要，碰到一个强大的对手或者榜样的时候，你应该做的不是去挑战它，而是去弥补它，做它做不到的，去服务好它，先求生存，再求战略，这是所有商家的基本规律，你还没有站稳脚跟就去跟人家挑战肯定是不行的，先生存再挑战这样赢的机会就会越来越大。

12. 这世界上没有优秀的理念，只有脚踏实地的结果。

《赢在中国》选手简介

石乐华，男，1977年出生，本科。

参赛项目

一凡卫浴，走特色化整合道路，把卫浴进行关键性的组合，致力于参与标准的制定和品牌的建设，原始设备生产商加工，做民族的卫浴品牌。

现场回放

马　云：以一流企业做标准，大概是要想推广一个什么样的标准，你做的东西就是卫生间里的马桶脸盆，你想推广一个什么样的标准？

石乐华：这个标准是这个样子的，你的坐便器，或者你的洗手柜，还有毛巾等等一系列的，每一个项目都需要国家建立一个标准。但是目前来讲因为卫浴市场发展的历史也就十余年，所以现在就面临很多的空白，现在国家致力于整合这一块的政策，有一部分产品在致力于去参与，现在没有形成龙头地位，这是我们要参与做的一件事情。

马　云：你凭什么去整合别人，我为什么要跟着你去被别人整合，100万人民币就能整合我，凭什么东西，你给我讲三条理由，除了100万人民币以外，你说我要跟着你的标准去走，你能整合我？

石乐华：三个理由，第一个理由就是我们现实的基础，因为我们现在做卫浴已经做了五年，在业界已经有一定的名气，这是第一个理由。第二个理由，是我个人的思路，目前有很多中小卫浴，全世界或者全中国卫浴生产企业最起码有几千家，但是真正开拓自己思路的人，或者具备这个理念的人是非常少的，到目前为止国内还没有出现这样的联盟。第三个理由，就是我对自己的信心和实力。

马　云：拿TOTO这家公司说，它在你前面做，你准备怎么应对，像TOTO这样的公司或者美标这样的企业，一听不错，钱比你多，你有五年历史，那哥们儿说有一百年历史，做得比你更好，你怎么办？

石乐华：这是市场定位的问题，就算TOTO他来整合都没有关系，就像我们理解奔驰跟广州本田没有市场冲突一样。

马　云：你的企业文化口号是“质量是企业的生命”。你是怎么表现这个文化，这个文化怎么能够到你企业内部的？

石乐华：首先来讲，我们有一个标准的文件，这个文件从价值观来讲，上面作为核心，外面通过企业的制度还有员工的凝聚力慢慢地深入人心，我们从每一个细节做起。

马　云：讲一个例子，怎么从细节做起，质量是企业的生命，所有企业都在这么说。

马云语录

我是个很笨的人，算，算不过人家，说，说不过人家，但是我创业成功了。我想，如果连我都能够创业成功了，那我相信80％的年轻人创业都能成功。

石乐华：我们在材料上游尽可能地选择

一些比较有品质的供货商。

马　云：你们整个公司员工有多少？

石乐华：六十多人。

马　云：核心团队你刚才说十多个人。

石乐华：我们把管理层算起来了，真正核心团队应该是在六个人左右。

马　云：你指的核心是什么意思？

石乐华：核心就是，具备最简单的前提就是不可替代性，他在公司里面发挥非常关键的作用。

马　云：你这六个人核心团队组成是怎么样的，他们的配置技能是怎么样的？

石乐华：首先第一个是销售团队，其中一个销售经理，这个是我们工厂目前非常重要的环节，因为这必须以销定产，销售永远是排在第一位，这是第一个。第二，是我们的人事总监，因为对一个工厂来讲，人事部门的变动还有员工的稳定性，还有计划薪酬体系这一块非常关键。第三是我们的会计师，我们现在是走了一条公众型公司的道路，对政府也好，对员工社会各个方面也好，我们现在尽可能地作一个社会型的工作，融入到社会当中去，这样总会计会非常关键。

石乐华：还有一个就是设计部门，因为我们目前的工厂规模不大，但是我们已经意识到，这是自己的一个短板，我们在这一块加强力度，组建了一个团队，所以，我们把他拉到核心团队。

史玉柱：你刚才说几个人，你和哪一个人在一块待的时间最多？

石乐华：目前来说跟市场经理待得比较多。

马　云：3000万的销售，赚钱还是亏损？

石乐华：我们从办厂第一个月开始，到现在一直是在赚钱。

马云点评

谈一下我的看法，我感觉你的条理很清晰，心态很好，你的激情跟别人不一样。很多人把创业者看成激情澎湃的人，你对自己的信念非常坚持，坚持自己的并购、整合是有意义的，尽管也许评委也好，其他人也好，说你不靠谱，你凭什么整合，但是你自己内心信念的坚定很具备创业者的素质。但是我这里想讲的是，在整合的要素当中你讲到理念和信心，我自己这么看，好像理念是挺不值钱的东西，真正值钱的东西就是你创造的价值，脚踏实地的结果。很多人说我有非常优秀的理念，我听太多了，这世界上没有优秀的理念，只有脚踏实地的结果。所以不要用你的理念去整合别人，而是你创造的价值给别人带来的好处。你的项目，就像刚才你讲的一样，需要良好的身体，需要跑长跑，这个项目需要跑长跑，我并不一定

马云语录

那些私下忠告我们，指出我们错误的人，才是真正的朋友。

马云语录

用显微镜找自己的缺陷。

认为一定要找VC(风险投资商)，有时候过几年再找VC(风险投资商)也不错，不一定开始就找。你刚才讲到风险投资投你钱了，你用资本说话，永远不要让资本说话，让资本赚钱。让资本说话的企业家我觉得不会有出息，真正的是听资本的，但不让他们说话，我就听他们的，他们想干吗，听股东的，最重要的是你让资本赚钱，让股东赚钱。如果有一天你拿到很多钱，你坚持今天的原则，做你认为可以赚钱的，我相信有一天资本一定会听你的。

13. 一个好的东西往往是说不清楚的，说得清楚的往往不是好东西。

《赢在中国》选手简介

任春雷，男，1973年出生，大专，计算机及应用专业。

参赛项目

开机就会网，向国人提供一个学习电脑基础知识、IT专项技能、数码电子知识的在线互动教育平台，同时又是IT企业的营销平台。

现场回放

马　云：你到底教客户什么东西?

任春雷：是普及各种IT知识的网站，它的基础是加速网站，转化为加速网，基础是开机会软件。

马　云：联想这样的公司为什么自己不搞一下呢?

任春雷：大家的定位不一样，电脑普及这个软件产品实际上并不是一个很稀奇的产品，2000年在我们公司做出来这个产品的时候，在我们前面已经二三十个同类产品，但是我们在做市场运作的时候，我记得当时对公司提了两点。第一点是兴奋，我兴奋的一个原因是感觉市场需求相当庞大，我对市场理解是这样的，比如说这中间画了一个圆，这个圆相当于中国所有懂电脑的人，这个人数绝对值很大，相对值很大，那么在这个圆心是IT所有高科技领域的焦点，越往圆心靠近，竞争压力越大，而圆的外围是电脑盲，向圆里进入，在这个瓶颈阶段是学习的关键阶段，这个领域竞争是比较宽松的。

事实证明我们这个软件从130元，到逐步涨到698元，是成功的。对于一个电脑盲来

马云语录

我们不想做商人，我们只想做一个企业，做一个企业家，因为在我看来，生意人、商人和企业家是有区别的，生意人以钱为本，一切为了赚钱，商人有所为，而有所不为。企业家是创造财富，为社会创造价值，影响这个社会，赚钱是一个企业家的基本技能，而不是所有技能。

讲，选择软件，实际上选择正版的还是要多一些，已经对电脑用得熟悉的人员，选择盗版多一些，这是一个点。我们软件销售得还是非常不错的。

马　云：我明白，我讲得比较直接一点，我觉得现在，你这个软件不是特别难做，那我们说联想这样的公司不愿意做，还是做不了，还是不屑于做，你就卖到了698元。

任春雷：确实存在这个问题，我们原来在卖软件的时候，正版软件两三百元，作为IT销售商，原来说它是高级搬运工，利润非常低，对于软件来讲，开发成本和将来生产成本非常低，利润相对高一些。

马　云：你从138元涨到698元，你给客户增加了什么样新东西？

任春雷：所谓的698不是开机会软件本身，开机会软件从130只涨到160。

马　云：凭什么涨的，是让人家多承担广告费吗？

任春雷：我们涨到130、160，没有太大区别，我们提供一种增值服务，我们增加了像游戏和工具箱等其他附加的一些软件，这样才增加的。

任春雷：还有698的问题，实际上因为我们营销模式做了几次变革，第一次是我们在软件出来的时候，第一次出来开区域大会，但是销售的情况并不是很理想，我们是后续品牌，大家不认我们这个品牌，在2001年初，我们提出一点叫跳出软件做软件，因为软件这个产品在销售的时候，它是商品，只有在开发的时候和应用的时候是软件，按照商品的属性来销售它，所以我们跳出来，第三次采用直销，第四次用电视购物，如果价格太低，不足以支撑电视媒体费用，我们在698元中包括三个软件，一个是开机会软件，一个是 Flash 动画设计，还有东方杀毒软件，三个合在一起是698元。

马　云：是客户需要增加 Flash 游戏进去？

任春雷：杀毒这一项，电脑初学者需要，开机会很多人都需要，我们是打包，同时并不强制用户一定要买698，我们有399，Flash 可以单独选择。

马　云：你公司刚成立的时候，在电视广告、报纸，在很多地方贴了广告，这些钱是谁给你的，是你自己凑的钱，还是别人投的钱？大概是多少钱？

任春雷：这个数额加起来也非常庞大，它是一个滚动发展，并不是一次性投入，在2000年中期的时候，也是我们公司运营最困难的时候，我们探索了各种市场销售办法都没有见效，最后我们的直销办法见效了。这个方法很简单，我们在郑州做了

马云语录

作为一个领导者不要让别人为你工作，而是应该为了共同的目标或者使命，或者是一个理想去工作，为你工作会很累，绝对不要因为你的人格魅力跟你工作。

> 马云语录
>
> 我给创意者们一个建议，千万别把灾难当公关看，千万不能觉得质量问题可以通过告诉媒体而会翻回来。质量问题就是质量问题，必须把质量问题解决以后才能谈公关，公关只是个副产品。由于你解决了以后，会逐渐传出去，这才是最好的公关，而不是说召开记者发布会转移话题，错了承认，错了修改。

第一个市场测试，我们在郑州一个酒店包了一个房间，有本地电话，广告成本是1200元，第二天广告一出来我们定单额度是3000多元，收回1000多元现金，周四打的时候又是1200，两周下来完成16000元的营业额，第二周继续采取这种方式，第三周我们考虑在西安、济南和沈阳三个地方重新测量这个市场。

马　云：你收入是6000多万，也就是说你还是亏损。你说你的收入有6000多万，但是这个公司还是亏损？

任春雷：没有亏损，有赢利，任何一个分公司都是赢利，没有亏损的。

马云点评

任春雷，刚才吴总讲得非常对，你今天没有发挥好，但是我还是觉得你的结果挺好。有的时候就像我跟吴总刚学打球，样子打得挺难看，确实打得挺远，但效果很好。另外一个，你今天来参加比赛，不要带稿子，要以后我们出去演讲，带了稿子放在手上你一定会看，而且一定会影响你。所以我觉得你也别着急，我觉得一个好的东西往往是说不清楚的，说得清楚的往往不是好东西。我觉得你身上有创业者的激情，你的生意在我看来是一个营销的网络，是一个营销的模式，在危机关头你也站起来了，你自己永远是最美的。

第二讲 年轻人需要正气

2011年杭州网商大会闭幕式上的总结

我们今天问到的问题，许多年轻人没有自己的主见，没有自己的信仰，没有信任，没有感恩，没有敬畏，不改变自己，我不想批判，因为我们没有权利、没有资格批评80后、90后，我对他们充满信心，但是今天展现出的问题我们都有过。

首先我要感恩。其次我有敬畏之情。

社会需要正气，社会需要感恩，社会需要敬仰，社会更需要变革。

马云写给儿子18岁生日的建议：第一条建议，永远用自己的眼光思考问题，不能别人说东就是东，别人说西就是西。第二条建议就是，永远积极乐观地看待未来。

我是没有半点理由在中国会成功的。我自己觉得我平凡得不能再平凡了！我们家没钱，也没势，没有一官半职，走到今天，能够有这个荣幸跟这么多年轻人一起共事，一路过来我心里觉得充满着感恩和运气。

今天有人问我，你们怎么走过来的？你们真那么聪明吗？很多人认为你太能干了，有远见卓识，真是了不起有的时候，我看到网上在表扬我的话，我都觉得真不好意思。哪有那么神啊？自己赢了都不知道是怎么赢的，但是输了我知道是怎么输的。输是自己一时的贪恋、一时的冲动，但已变成事实了；而觉得每一次获得的成功，我首先感谢这个时代，首先感谢的是中国经济的发展、互联网的发展，还感谢我的同事没日没夜的努力，他们是一点一滴把这东西变成今天的现实。还要特别感谢的是：其实任何一个事情、任何一个互联网的概念，假如没有别人的参与是多么地艰难，这几乎是不可能的！我记得从1999年开始做阿里巴巴，我们在给中型企业做平网的时候，我们自己的这个想法有谁会相信，但是很多小企业相信了我们，然后一点一滴起来。做淘宝，我们刚开始的时候是7个人在杭州的湖畔花园创业。那时候觉得，要想找出，每个人找出4件产品挂上去，四七二十八，我们那天一定要找出28件商品，挂到网上，使得人家可以来拍买。结果我回家怎么找也找不出4件东西出来！我们那一天总共是7个人大概凑了7件商品上去，当然，没人来买，我们就自己买自己的。后来，有一个东西来卖的时候，客户把东西一挂上我们赶紧把它买下来。有一段时间我们办公室隔壁的房子买了一房子的包啊什么的！只要有人挂上去我们就买，市场就是这样一点点起来的。我们感谢客户的信任，然后来卖的人越来越多，来买的人也越来越多，形成了今天这样的一个市场！没有客户的信任，没有大批用户的信任，今天不可能有阿里巴巴，也不可能有淘宝网，所以我是心里觉得：这辈子说今天没了，我都已经满足了！因为真的是那么多的人关心你，那么多的人支持你！那么多人莫名其妙地说感谢我，我觉得非常受愧，因为感谢我干什么，这不是我的功劳！

我只说了一下，那我们就做吧，只要能为别人好的事我们就做，所以未来的阿里巴巴除了感恩以外，还有就是敬畏。我们充满着敬畏，很多时候的成功不是我们的原因，很多成功我们不知道莫名其妙是什么事情帮了我们。走到今天为止，我们一次一次碰上了灾难，但一次一次渡过，这些渡过算我们是很努力吗？未必，不是努力能够起来的！背后总有一种莫名其妙的力量在支持着我们。我们昨天很幸运，明天还会幸运吗？中国的很多做企业的人，一开始做是胆子大，勇气大，机遇好，成功以后还是自己能干，是自己机会，再一次就失败掉了！所以对阿里巴巴来讲，我们有敬畏之心，我不知道背后是什么结果，不知道背后是什么东西。我相信未来什么十年二十年那么顺利，我们愿意为这十年二十年怀着敬畏之心，不断地改变自己。很多人说这个人好勇敢，我觉得：“勇而敢者死，勇而不敢者胜！”我们勇但我不敢，很多事情我有这个勇气，我说我敢动，我想，但是我就是不敢，我对莫名其妙的力量我有尊重，我敬畏！所以今天的阿里巴巴走到现在为止，我想跟大家分享地说，这十年以来，也许越到现在越充满感恩！越到现在我们越有敬畏之心！我认为现在许多年轻人有点浮躁，缺乏信仰。何为信仰，信就是感恩，仰就是敬畏。还有一个就是要改造自己、改变自己。我们总埋怨外面是错的，别人是错的，从来没想过我的问题在哪？我该做什么事情能够完善自己？所以这几天我听见了，所有的成功人士，所有经历过的人，不管他吃了多少苦，他从来没抱怨过。他说我敢，我感谢美国，我感谢老加州，我感谢谁，我感谢客户，这些话，你是能听得出来他是真的还是假的，是演给别人看的还是真心的！但是敬畏之情，在今天的中国尤其要记住，我们其实离国外还是非常地遥远，跟美国的距离也很遥远，跟日本的距离也很远，跟很多发达国家的距离也很遥远。前几天我很荣幸，我见到了一位我非常尊敬的领导，一个真正的人。他讲到，我们真能够觉得今天中国经济的发展就能超越美国，人民币就能取代美元了吗？我们需要做的多少个事，你们知道美元取代英镑花了多少年吗？1894年美国的GDP超过了英国，两次世界大战以后，美国已成为世界上最大的债权国，还是没有（能够取代），直到1974年中东战争、石油战争以后，美元才开始强制性地取代了欧元。花了多少年，花了80年时间！我特别崇拜邓小平的韬光养晦，修心养性，我们其实要走的路很长。中国的经济走的路也很长，中国的企业要走的路也很长，淘宝、阿里巴巴都一样，我觉得我们真的是婴儿刚刚开始走路，对我们来讲，我们几代人的努力，才有可能做一个好的公司。

多少企业想做互联网，多少人想做电子商务，多少人想做伟大的公司，但是都失败了，为什么我们成功了？凭什么我们会成功，凭什么别人会感谢我们？这些问题，其实让我和我的团队阿里巴巴的人，在不断地思考、不断地想。最近盖茨和巴菲特来劝我，让中国的很多富翁捐钱。你有一百万、几百万人民币，其实最幸福，钱是你的，你有自主权随便花；你有一两千万三四千万的时候，这钱已经变性质了，变资本啦，你要担心利息，担心贬值，要开始投资，要开始管别人；你有上亿的时候我告诉你，这是社会的资源，你要替社会花好这些钱。我们这一代跟上一代的企业家，最大的区别就是说我们不仅在社会中寻找机会，我们更要去解决社会的问题，我们要让商业社会更加透明，更加开放，更加承担责任，让未来去看。中国需要三亿的就业，我们的孩子需要就业的机会，我们的环境需要保护，树需要更多，我们的水需要更干净。我从来没想过阿里巴巴今天近200亿的现金是阿里巴巴的，它不是阿里巴巴的，这是社会对我们的信任，把这个资源交给我们，让我们最好地利用好这个资源，让更多的人有就业机会，让更多的企业起来，我觉得这个是我对今天中国进行的开放。

马云语录

聪明是智慧者的天敌，傻瓜用嘴讲话，聪明的人用脑袋讲话，智慧的人用心讲话。所以永远记住，千万别把自己当聪明人，最聪明的人相信别人比你聪明，你这样才会走得更远更好。

我死的时候我相信，假如我还有很多钱是自己的而没花掉，当然，如果不给孩子留下任何东西，我认为这也是不负责任的，都留给孩子是肯定不负责任的！

你说我把100％都捐了，不给孩子留一点，那是也不可能的。一个不考虑自己的人，你不要相信他会考虑社会。我不相信我这个人是无私的，没有私是最大的私，一定得考虑，但是你留得多了，留多少是个艺术。因为我们所有人的努力，除了希望自己好以外，希望我们的孩子好一点。孩子好一点，怎么让孩子好？我觉得有两样东西，能真正对未来，这也是阿里巴巴很多人，很多我的同事们立志想做的事情，两件事情：第一孩子们的心灵，第二环境。假如孩子们不是成熟的，不是用自己的眼光、独特的思考去看待未来，你给他再多的钱，他还是会把这个世界搞得一塌糊涂；假如我们的环境很糟糕，那么我们的环境则杀掉我们的孩子们！所以我觉得这两个，我们一定要关注。

我儿子18岁的时候，我给他写了封E-mail，给他提了三不建议：

第一个建议，永远用自己的眼光思考问题，不能别人说东就是东，别人说西就是西。我十二三岁的时候在西湖边上学英文。很多外国游客经常到杭州来旅游，我就每天早上不管是刮风下雨下雪，总是带着他们在西湖边转，做他们免费的导游，他们教我英文，我带他们逛西湖，坚持了9年时间，我学会了很多的东西，我学的不是语言我学的是文化。我发现老师、学校跟我讲的中国和世界怎么和老外跟我讲的不一样?！

1985年，我第一次去国外，去澳大利亚的时候我吃惊得要命，啊?！人家怎么那么发达、那么先进，我们国内则刚刚开始有万元户，我心里特别憎恨，特别难过。从此以后，我养成了任何问题，我用自己的眼光去思考。我对儿子也一样，对年轻人也一样，希望必须用自己的眼光去看、用自己的脑袋去思考，不是别人说东就是东说西就是西。如果不用自己的眼光、不用自己的学识，而简单地去做个判断，我觉得我们会很悲哀。

今天的社会，我认为是非常地好，是有些消极，是有些悲观，但我给儿子的第二条建议就是，永远积极乐观地看待未来。我们碰上的困难够多了！但是以前更困难，将来还会更困难。我们现在比第一次世界大战的黑暗、第二次世界大战的黑暗和人类碰上的其他黑暗，不知幸运多少。我们也抱怨过我是60年代的人，但是我永远相信，一代胜过一代，一代超过一代，这是我们对未来的信心。我们今天碰到的问题，许多年轻人没有自己的主见，没有自己的信仰，没有信任，没有感恩，没有敬畏，不改变自己，我不想批判，因为我们没有权利、没有资格批评80后、90后，我对他们充满信心，他们今天展现出的问题我们都有过。我记得我的父辈跟我讲过，哎！你怎么会喜欢像这个摇滚歌手一样的榜样？我说你们也喜欢过，你们也有过杨子荣、李玉和，你们忘了。每一代人都有过榜样，只是每一代人的不一样而已。孩子们有偶像有榜样比没有好很多，就像孩子们有梦想比没有梦想好很多。梦想可以变，梦想不能没有。

永远乐观地看待自己。我为什么不怪80后、90后？我们的父辈们经过文化大革命后，突然间Last。我们这一代的人学了很多东西，自己也糊涂掉了，然而我们下一代的孩子正在付出这个代价。今天我们不是说怪我们80后、90后，而说："一起可以做什么吧？"我坚信90后、2000后的孩子们，会为我们、为这个国家、为这个人类找回这个信仰！因为，如果他们没有信仰中国就很麻烦，他们这些人听东就是东，听西就是西，我们就没有希望！我在公司内部跟同事们交流，我们很难让全社会跟我们去想，事实上我们需要有不同的声音，我们要尊重他们不同的声音。很多人说过，我可以不同意你的观点，但是我尊重你讲话的权利，开放就是这样，Please！

但是原则是不能变的。假如我们所有人放弃了原则、放弃了理想，放弃了坚持、放弃了走阳光路，那么结果会怎么样？因为90%

马云语录

我没有关系，也没有钱，我是一点点起来，我相信关系特别不可靠，做生意不能凭关系，做生意不能凭小聪明，做生意最重要的是你明白客户需要什么。

的人是好人，90%的人走阳光大道！

今天我们看到的社会是，人们永远看到的是指责和埋怨！都是别人不对！

我心里特别难过！我希望阿里人、淘宝人，所有的创业者们，用积极的眼光、乐观的眼光看外面。我们今天看到的官，好多贪官，我们现在的企业，全是贪商，我们看到的医院，都没有良心，我们的教授都抄袭！但事实上呢？今天的政府比十年以前的更加能干，你去看那些官员，你去看今天的企业家，比十年以前的更承担责任，今天的学校比十年以前的更加有学术水平，今天的医院比十年前的设备更齐全，今天的房子比十年以前的更加地好！但是我们永远没有把这些东西比起来！扶正去邪，社会需要正气，年轻人需要正气，我们的未来，我们的孩子们需要正气。

今天批判别人都成了榜样！今天说这个不好那个不好的人都成了模范！做榜样的要么是神，要么是鬼，要么是死人！

这个世界没有神。在座的所有的创业者们一辈子我们最大的经历就是两个，认识不同的人经历不同的事。人生到了最后不管你多么有出息，不管你多牛，都去火葬场，不管你多伟大，历史上就像秦始皇一样，我们中学的课本里就三行字。你还想多伟大？！我想我们每一个人都知道我们是人，我们来到这个世界，都知道体验经历，让自己快乐让别人快乐，让家人快乐，这是我最近想得越来越多的问题。昨天大家很多人都去参加了淘宝晚会，觉得你公司这些员工为什么会充满激情，为什么这么干？因为他们知道自己为什么在干。如果你是普通的员工，你必须为自己而干，员工说不为自己干，我就为大家干，那是宣传，很难做到的；但是你是经理，你必须为别人干，等你当经理的时候你有七八个人他们靠着你，你的任何脾气的好坏，都影响他们的情绪，影响他们的未来，你这时候就是为别人干；当总监的时候你又为别人干，到副总监的时候你是为社会干，为人类干，为大家干，你才会使企业站起来。人的境界在不同的时候有不同的思考，人一定要想清楚三个问题：第一，你有什么？第二，你要什么？第三，你放弃什么？

我们每个人都明白我有什么，我马云今天既有很多也没有什么，因为这个东西，本来就不是我的，这本来就不是我的，因为它是淘宝用户的，是社会的，这个钱不是我的。我要干吗？你想干吗？然后你想丢掉什么？这世界上一定有人被人骂，有人在骂你就意味着有人在恨你。人类社会里面有一个社会学的概率，即六人之中有人杰，七人之中有混蛋，这是社会学。抓六个人，把他们关在房间里，等两个小时之后你就盯着看，你就会发现六个中就有一个人是领导者，一会儿就会蹿出来，他一定会是个领导者。抓七个人关在房间里，有一个人一定会是混蛋。我以前很痛苦，就想是为别人好，可这家伙怎么就这样？后来我问了克林顿，我说我啊，做这个决定永远有30%的人反

马云语录

实实在在创造价值，坚持下去。这世界最不可靠的东西就是关系。

对，真是痛苦之极。克林顿说，哎呀，你已经运气很好了，我有30%的支持就已经很了不起了！

我突然觉得很有道理，后来又去调查社会学，觉得很有道理，有意思。今天淘宝，缺的不是工程师，缺的不是服务人员，淘宝缺的是人类学家、社会学家、经济学家、政治学家。淘宝这个大社会三亿用户，请问，我有1%的人反对，就有三百万的人反对！怎么可能1%呢？一定30%，那就将近一个亿，你愿不愿承受，愿不愿承担？你为谁承担？你要什么？你到底愿不愿干？我觉得我荣耀，我荣幸地说这辈子能够用感恩心、敬畏之情，去改变自己，去帮助那些优秀的人。人是有混蛋，而很多时候混蛋是自己。如果你想消灭所有的混蛋的时候，这本来就是个混蛋思想，因为你不可能做得到！很多时候，我就是混蛋。我有时候就会烦躁，我就在想，完了我混蛋来了，开始了。这是因为我们是平凡的人，是人，就吃五谷杂粮。最近比较敏感的一个字叫，仙人、神仙、山里面的人。什么是仙人？仙人就是山里的人自以为是坐在山里喝喝茶、聊聊天，他以为天下的人就是山人，以为自己真是神仙了。什么叫俗人？一个只吃五谷杂粮，一定有病的人。我自己想，也想得很多，我们这些人都有病，所以你把我捧，人被捧杀是最厉害的。我今天告诉大家，我跟你们没区别，我跟任何人没区别，千万不要认为阿里巴巴是马云做的，我只是运气比较好，不用干活，我只要动动嘴就够了！而且很多时候是我员工在关键的时候拍桌子就，就这样了！行，有道理，应该是这样的！我大概好几年没有拍桌子说就按照我说的办，而拍桌子说，好，就按照你说的办。这个就是未来，因为年轻人懂得未来。我们支付宝的仲裁，彭蕾，他休假了。我觉得休假是境界，领导懂得休假，就是我放得下。第二天，他休假回来，我觉得总应该是充满激情干活了吧！他却说，我现在胸无大志。哟！这境界高了，胸无大志。其实后来真正明白，胸无大志才是最伟大的。什么叫伟大？伟大就是无数的平凡做出来的，是无数的平凡、单调、枯燥做出来的。我现在胸无大志，我现在就是把体验做好，一点一滴把客户做好，客户关系把它弄好，这就是我现在的胸无大志，我觉得这个才叫伟大。我们想搞一个大战略，搞一个大变革，我们都想打三大战略，一谈天，都是辽沈战役、淮海战役。我们有一个经理前一段时间被我批评了，他一出来就说我们那个军。我说你真以为在打战啊？打什么啊？是建设。公司也一样，你一旦确定，那就踏踏实实地做好客户，单调、平凡、枯燥、重复，把他们做到有乐趣了，你就伟大了。所以，其实对阿里巴巴来讲，这些都是我们今天要面临的。阿里巴巴要做的最大的决定是，在未来十年，我们将会脚踏实地，休养生息，积极地去帮助我们的小企

马云语录

一个好的企业靠输血是活不久的，关键得自己造血。

马云语录

创业时期千万不要找明星团队，千万不要找已经成功过的人跟你一起创业。在创业时期要寻找这些梦之队：没有成功、渴望成功，平凡、团结，有共同理想的人。这个看了很多人的创业过程我才总结出来的。等到你一定程度以后，再请进一些优秀的人才，对投资、对整个未来市场开拓才有好的结果，尤其是35岁到40岁，已经成功过的人，他已经有钱了，他成功过，一起创业非常艰难。所以创业要找最适合的人，不要找最好的人。

业，帮助所有的买家，让他们能更加互助循环起来发展。

我坚信80后、90后，坚信2000年后的孩子们一定比我们强。今天我们的麻烦不是他们惹的，是我们自己惹的以及我们的父辈惹的，埋怨一点用也没有，所以成功的人没有一点抱怨。我得到了大家的帮助、支持、关怀太多，所以首先我要感恩。阿里人不仅是我一个人，是一批人，有这样的感恩之心。第二，我们有敬畏之情，敬畏我们是对未来的敬畏，对正义的敬畏，对理想的敬畏，对不可知的敬畏。所有的东西，我们怀着好奇之心、敬畏之情去，我们会自己改变自己，我们会坚持原则，希望大家支持这些年轻人！支持这些理想主义者，帮助他们所有的人，因为我们不期望说，世界一日之间会变好，但是扶正去邪，把正气弘扬了，邪的东西自然会下去。我们天天只指责邪的东西，那么，这世界感觉都像邪的一样。社会需要正气，社会需要感恩，社会需要敬仰，社会更需要变革。

我今天唠唠叨叨地讲了那么多，就是想表达一下，我是真的感谢，这辈子荣幸！

创业，且听马云说了什么

1. 所有的创业者应该多花点时间，去学习别人是怎么失败的。/ 135
2. 绝大部分创业者从微观推向宏观，通过发现一部分人的需求，然后向一群人推起来。/ 137
3. 商业计划绝对不是一个销售计划，里面有无数细节，无数人才的运营。/ 140
4. 蒙牛不是策划出来的，而是踏踏实实的产品、服务和体系做出来的。/ 142
5. 战略有很多意义，小公司的战略简单一点，就是活着，活着最重要。/ 146
6. 必须先去了解市场和客户的需求，然后再去找相关的技术解决方案，这样成功的可能性才会更大。/ 149
7. 最核心的问题是根据市场去制定你的产品，关键是要倾听客户的声音。/ 152
8. 诚信绝对不是一种销售，更不是一种高深空洞的理念，它是实实在在的言出必行、点点滴滴的细节。/ 155
9. 公关是个副产品，由于你解决了以后会逐渐传出去，这才是最好的公关。/ 157
10. 文化贯彻是最关键的。/ 158
11. 天不怕，地不怕，就怕 CFO 当 CEO。/ 163
12. 短暂的激情是不值钱的，只有持久的激情才是赚钱的。/ 167

1. 所有的创业者应该多花点时间，去学习别人是怎么失败的。

《赢在中国》选手简介

赵龙，男，1977年出生，硕士，管理专业。

参赛项目

打造有中国特色的大型国际连锁餐饮巨头——海鸥思福(Healthful)健康餐品店。把成功学的一些理念与健康餐品结合在一起，并建立系统，发展连锁经营店。

现场回放

马　云：我的问题很简单，你有一个精英管理团队，有医疗专家、食物专家、营销专家，给我们介绍一下这三个专家，看看他们是怎么个精英法？

赵　龙：我来介绍一下，第一个是营养保健专家，因为工作关系不能提他们的名字。这个营养专家在国内很知名，曾给领导人做过营养保健顾问工作，他在深圳开办CEO俱乐部，举办"谁来救救我的老板"的讲座。

马　云：是你的顾问吗？

赵　龙：是我们的保健总顾问，是我的团队，因为他也有股份。

马　云：下一个专家呢？

赵　龙：有一个副总，是市场策划专家，他有多年的市场策划经验，同时我们还有曾经运作国内知名连锁体系的香港老板。

马　云：这些人已经在你公司工作吗？

赵　龙：我的副总也坐在下面，他在餐饮业做了十五年，有丰富的餐饮业运营经验。

马云点评

赵龙，你的模式我不做评论，刚才熊总也提到，你要少听成功专家的讲话。所有的创业者都应该多花点时间，去学习别人是怎么失败的，因为成功的原因有千千万万，失败的原因就一两个点。所以我的建议就是，少听成功学讲座，真正的成功学是用心感受的。有一天如果你成为了成功者，你讲任何话都是对的。你刚才讲到精英团队，精英不会跟着你吃肉；跟着你吃肉，未必是精英，记住这一点。

我不是否定成功学，任何东西都要有度。你给我的感觉就是成功学大师在讲课，两招使过以后，别人就觉得有点虚。真是这么回事，我们公司员工也有人去听过成功学课程，听一两次可以，听四次五次，这人就被废了。

2. 绝大部分创业者从微观推向宏观，通过发现一部分人的需求，然后向一群人推起来。

《赢在中国》选手简介

何红光，男，1959年出生，本科，经济学专业。

参赛项目

中华分时度假交换平台，通过资本扩张迅速占领中国分时度假市场的品牌制高点，与国家有关部门积极合作，建立行业标准，采取与国际交换机构平等合作与适度自我开发国际度假地相结合的方式，实现项目产业的国际化。

现场回放

马　云：你说全球有1000万家庭已经开始做分时度假，然后判断十年以后中国有500万家庭去做。你是怎么算出来中国会有500万家庭将有分时度假的需求？我讲的是购买这种度假物业，不一定是分时度假。资本主义国家已经发展这么多年，你觉得十年内中国会有500万家庭有这种需求吗？

何红光：按照雅虎的统计，中国有2亿中产阶级，现在汽车行业已经充分发展了，油价也在上涨，这个行业的增长有限。另外房地产行业，国家将打击炒作和投机，这个行业发展也受到一定的制约。那么未来全国有高达14万亿人民币的高额储蓄，往哪个方向走，我认为国家会出台一些政策引导旅游消费。

马　云：你认为这方面国家会出台这样的政策，可是根据国家现在房地产改革，以及中国人的文化，买得起房子的人不一定愿意把房子租出去的，买不起房子的人，只能买一套自己住，还要分期付款。风景旅游地区的那些房子，都是被有钱买得起房子的人买走了，他们一般都不愿意出租，这是中国人的传统文化。外国人会把房子租出去，因为他们较高的素质。我有一个朋友把出租的房子收回去，100年他都不再肯出租房子了。

> **马云语录**
>
> **我们遵循的最高准则：第一条是“唯一不变的是变化”；第二条是“永远不把赚钱作为第一目标”；第三条是“永远赚取公平合理的利润”。**

何红光：你朋友买房子的目的是什么？

马　云：本来想自己住，像你这样的人说服他，空着也是空着，就租出去，最后墙也砸了，家具也破了。

何红光：我认为这个理念在开始改变。

马　云：现在我们创业大赛的最高奖金是1000万，1000万对你有帮助吗？第一个项目你怎么搞起来？

何红光：我来的时候没有想过要有1000万，本来计划10月份能跟熊晓鸽先生见面，把我的项目推荐给他。我们现在基本上完成了各方面的准备，计划在今年下半年启动市场销售，今年营业额将达到2000万元人民币。

马　云：销售什么东西？

何红光：销售度假房产，海南、黄山还有几个地方，一共大概4到6个地区。

马　云：最后一个问题，最简单告诉我，你上次为什么失败，你说你非常痛苦地从失败中走出来，那个项目是什么项目？

何红光：还是我这个分时度假交换平台。

马云点评

我蛮欣赏老何，你是一个非常好的学者型创业者。学者型创业者有一个共同的问题，那就是从宏观推向微观，根据发展大势来推断自己的未来。大势好未必你好，你好未必大势好。绝大部分创业者是从微观推向宏观，通过发现一部分人需求，然后把一群人推起来。你的项目是全球的房地产，我听着特学术化，但是我不知道该怎么办。另外，1000万对你一点用处都没有，像大海撒了一把盐，一点用处都没有，这是我的看法。

3. 商业计划绝对不是一个销售计划，里面有无数细节，无数人才的运营。

《赢在中国》选手简介

张洪泉，男，1978年出生，本科，中医外科专业。

参赛项目

医药电子商务，通过建立医药专业网站群，汇集成医药资讯的门户，最后开拓涉及网上药店与虚拟医院的“数字健康”产业。

现场回放

马　云：你做了三个网站，一个是医药门户，一个是负责招商，另一个是猎头公司对吧。这三个网站总共投资多少钱？

张洪泉：我刚开始做的时候只有2万元，后来为了扩张，又把自己的8万元投进去。

马　云：你讲行业里第一名，这是什么标准？

张洪泉：为什么说BBS是第一，我们看这样几个指数，第一个是IP，IP是BBS当中最大的，每天有1万多人，第二名一天只有100多人，我们会看注册用户，我们注册用户有13万。

马　云：现在有多少人在做？

张洪泉：一共有31个合作伙伴。

马云语录

80年代的人不要跟70年代，跟60年代的人竞争，而是要跟未来，跟90年代的人竞争，这样你才有赢的可能性。一开始功利心不能太强，这是我给80年代人的建议。

马　云：合作伙伴？

张洪泉：我认为员工都是合作伙伴。

马　云：31个合作伙伴，30万投入，每个月收入十多万，主要来自哪里？

张洪泉：两块：一个是招聘，另一个是招商。

马　云：招聘方面你提供什么服务？

张洪泉：招聘方面我们提供三块服务：第一，成为我们的会员，到网站搜索简历库，找到最合适的人才；第二，发布广告，可以得到更好的效果；第三就是猎头服务，如果人才不能满足需求，可以通过我们的猎头服务找人才。

马　云：你讲的虚拟医院，我从事互联网14年，听了14年这样的故事，为什么别人做不出来，你就能做起来？

马　云：中国买药还是比较方便，跑到药店就可以买，为什么到网上买？

张洪泉：买衣服也很方便，为什么还要到网上买。

马　云：买了衣服不会出问题，买药出了问题怎么办？

张洪泉：这是一个具体细节的操作问题。

马云点评

你是一个很好的销售人员，但很多计划听起来信口开河，我讲得重一点，希望你记住，商业计划绝对不是一个销售计划，里面会涉及无数细节，无数人才的运营。你张嘴就来，这儿怎么样，那儿怎么样，我越听越怕，讲得越长漏洞越多。有时你会发现讲了一句谎话，最后要用一百句谎话去掩盖，越盖越乱。

马云语录

一个领导者和经理人的区别，优秀的领导者善于看到别人的擅长，经理人往往看到别人的短处，永远要相信边上的人比你聪明。一个相信边上的人比你聪明的人，才是真正的智慧者，相信自己比别人聪明麻烦就会来。

你需要把自己沉下来，踏踏实实做一个小公司。可以把几个行业网站缩减成一个，踏实做好，团队不在于大，一点点做可能更有机会。你的项目本身不错，但还需要合适的人和合适的时机。网上虚拟医院和网上药店在中国要昌盛起来，还需要很多年。如果时机还不到，就实实在在做好一个网站，把团队缩小，认真经营，也许三年以后机会就会来了。

4. 蒙牛不是策划出来的，而是踏踏实实的产品、服务和体系做出来的。

《赢在中国》选手简介

王力伟，男，1973年7月出生，大专，工商管理专业。

参赛项目

销售普洱茶。把握普洱茶独产中国却享誉世界的优势，在普洱茶消费热潮增温趋势凸显的现在，用成熟的商业模式完成普洱茶与消费者在接触点的体验。

现场回放

马　云：把项目先介绍一下。

王力伟：目前云贡普洱茶项目代言人是陈宝国，是在厦门大学举办的茶论坛的唯一指定茶饮品。我们的云贡普洱茶项目已建设完毕，已经完成合同约定过程。

马　云：有人跟我讲，喝了普洱茶对胃好，茶看起来越脏越好，这个茶是被你们炒大的，还是真的有这么好？

王力伟：非常感谢马老师对普洱茶行业提出的正面问题。首先一点，茶行业里其他茶确实存在今年是宝，来年是草的说法，这是指普洱茶以外的其他茶，而越陈越香是指普洱茶的生茶。从工艺来说普洱茶分成两类，一类是生茶，一类是熟茶。熟茶要尽快喝掉，久了不一定好。生茶就不一样，越陈越香。从道光年间留到现在的六吨普洱茶，放了几百年，好成什么样，目前没有人说，因为是有价无市的一种噱头吧。

马　云：我的问题是，普洱茶是被炒大的，还是真的有这么好？

王力伟：我跟您说，真的有这么好，当然也有人在炒。

马　云：给我介绍一下你的团队。

王力伟：我的团队分成两块，销售团队的领军人物是蒙牛液态奶前总经理，我的销售副总，现在的北京分公司老总，是天士力集团原常务副总，还有我的十一个大区经理……

马　云：生产不在你们这儿？

王力伟：生产基地在昆明，我们在昆明官渡区建了4000平方米的厂房，原料来自西双版纳。

马　云：制造工厂不是你们的？

王力伟：也是我们的。

马　云：重要的一点是普洱茶的质量和品质，有了质量以后策划才可能成功，没有这些东西，所有策划都是不成功的。这是我的看法。

王力伟：很抱歉，今天没有谈到产品质量，是因为现场有同行。

主持人：是秘密，商业秘密？

王力伟：普洱茶生产上没有秘密，原料上也没有秘密。

马云点评

王力伟，你项目不错，我不选你的原因是我不看好普洱茶，全国人民都说好的东西，我觉得一定会出问题。而且我不太相信那些策划的大仙们，我认为蒙牛不是策划出来的，而是踏踏实实的产品、服务

马云语录

企业家、商人、生意人有什么区别？生意人唯利是图，有钱就赚，商人有所为有所不为，企业家必须承担社会责任。你要作为一个优秀的商人、优秀的企业家，必须有一个同样的东西，就是诚信，诚信是很基础的东西，我觉得最基础的东西往往最难做，但是谁做好这个谁的路就可以走得很长很远。

和体系做出来的。大家都知道史玉柱是个策划高手，但在我看来，史玉柱对营销以及产品客户体验的认识，是真正可以称得上大师级的。

在你的思维逻辑里，你有自己一个很独特的逻辑，这个逻辑也不错，但是你要把别人放在自己的逻辑里，走出自己的逻辑去倾听别人，也许更能了解客户的需求，更能了解市场。

在整个讲的过程中，我很少听见产品、质量、服务这些内容，可能有了这些以后，再去做策划更会成功，没有这些东西一切策划都是空的。

品质、质量之中没有秘密，我把阿里巴巴所有事情都跟别人讲，淘宝网的做法也对外讲，品质不仅仅是团队，更是文化和制度，是一整套东西，别人能模仿你的表面，但不能模仿你的理念。

5. 战略有很多意义，小公司的战略简单一点，就是活着，活着最重要。

《赢在中国》选手简介

韩小兵，男，1974年出生，工商管理专业。

参赛项目

保险丝生产及销售，目标客户是三星、诺基亚等国际性企业，主要的市场是手机、数码相机、笔记本，是中国第一家生产这种产品的本土企业。

现场回放

韩小兵：通过最近沙盘演练的比赛，我发现自己在沟通方法存在问题，实际上我不太喜欢跟人打交道。对没有兴趣的人我根本不会理他，包括客户，可能就是这个原因。就我个人而言，我的智商远超过我的情商。我想请教几个评委，像我这种情况是否应该去修炼自己的情商。

史玉柱：测过你的智商没有？大概是多少？

韩小兵：120，算是比较高的吧。

马　云：120，算高还是算低的？

史玉柱：那东西也不准，我测过一次，一次是弱智，一次是天才。

马云语录

竞争是商业过程中的一场游戏，更是一种艺术，竞争者第一点是向竞争者学习，只有向竞争者学习的人才会进步。所以我觉得在竞争过程中要凭的是智慧、勇气、胆略，绝对不能用下三滥的手法。

韩小兵：跟几位比我的情商很低，我究竟是该去弥补自己的情商，还是找到一个搭档，让他来弥补我的缺失。

熊晓鸽：为什么要选择保险丝呢？

韩小兵：这里面有个故事，一个非常失败的例子，我总结了一个结论叫做白痴理论。那是在2001年，当时我发现一个产品，发现有一个玩意儿整个中国没有人去卖。我说终于找到一个巨大商机了，当时我联系了中兴、华为等公司，如果他们上3G项目用我的产品，大概会有1000万的营业额。我当时很得意，我太伟大了，商业天才！可一年下来一分钱也没赚着，后来才发现这个产品没有人卖是因为没有人买。

不要认为我是骗子，永远不要把别人当白痴。当你创意出一个新产品的时候，可以分两种情况，一种是你真的发现了这个事情，但是这种情况概率很小；第二种情况就是别人已经试过了，没有结果，没有市场。

马　云：其实我觉得你的情商蛮高的。

韩小兵：我可能是在表现的时间会好一点，时间比较短。

马　云：我的智商情商都不高，没办法给你什么建议。但一般来说比较自负的人情商都低，把自负抛弃以后，情商就会高起来。自负的人眼光高，觉得这个不顺眼，那个也不顺眼，把眼光降低以后情商自然就会高起来。你刚才讲到战略比较强，你的战略是什么意思？

韩小兵：我对公司一两年之内的事情能够稍微考虑一下，我们肯定做不了一百年的企业，至少现在不敢想。我5月份在上海开办事处，计划明年去台北开办事处。

马　云：战略包含着很多因素，你刚才讲的不是战略，是下一步的规划。战略有很多意义，小公司的战略简单一点就是活着，活着最重要。

马　云：你太太认为你好在哪儿呢？

韩小兵：可能是人品吧，就像牛总讲的“大胜靠德”。老子有一句话叫将欲取之，必先与之（注：想要夺取它，必先给予它）。当然不是指做生意，而是指做人。

马云点评

你的智商很高，情商也很高。你刚才讲到，做人要先予之，做事、做生意就未必了。我认为，做人、做事、做企业都必须一贯，这样你才能做大做强。所以做企业也是必须先给别人创造价值，比如淘宝网实行三年免费，就是要首先给予别人价值，人家好了自然会付钱，人家不好我就不收钱。所以做人做事一定要连贯，只有这样你才会强大起来，做人、做企业、做生意都必须是一样，这是我的一个建议。

第二，我和你一样，不愿意和不喜欢的人交往。但是对于客户，哪怕你很不喜欢他，你也要尊重他，不要把客户当白痴。客户不喜欢你，一定有他的原因和理由。对于同事也一样，很多人因为不喜欢某个同事就不愿意跟他一起工作，你不喜欢他，可以不跟他做朋友，但一定要成为同事。作为创业者，最重要的是通过跟人打交道，通过团队协作才能拿到自己的结果。

6. 必须先去了解市场和客户的需求，然后再去找相关的技术解决方案，这样成功的可能性才会更大。

《赢在中国》选手简历

王嵩，男，本科，计算机科学与技术专业。

参赛项目

TOUCH 网络传媒，引入建设数字化城市的概念，以触摸屏为载体、以提供城市一卡通功能为服务，改变广告的商业形式，最终实现传媒的网络化、社会化社区、社会化精准搜索，打造一个带有强烈公益色彩的大众化智能服务平台。

现场回放

王　篙：这是一个广告泛滥的时代，你看到的不一定是你想要的，你真正想要的信息却找不到，这就造成了广告资源的巨大浪费，很被动，因此很多人不愿意投广告。我发现了这样的机会，通过这样的技术搭建一个平台，可以解决广告互动和低效的问题。

马　云：都是江南春惹的祸，全国人民都开始设计各种各样的广告模式。全国到处都是广告，大家都反感，你怎么解决？

王　嵩：我们的触摸一体机有以下几个作用：第一，可以通过这个一体机下载很多MP3、MP4歌曲；第二，可以完成便民的服务，比如交水电费，买卖股票、彩票等；第三，可以看到很多城市信息，比如政府公告、旅游信息等。

史玉柱：江南春的分众广告是逼着人看，在电梯里你只能看墙上的广告。跟它的模式截然相反，你这个触摸一体机是靠吸引大家来看。

王　嵩：对，我靠吸引。因为用户想用这些功能，所以会主动过来查看。分众那种模式是强迫别人去看，比较被动，不容易被大家所接受。我这个模式也有一定的强迫性，当你在使用触摸一体机的时候，上面一直在放广告，你必须得听，必须得看，这是避免不了的。

马　云：你说你改变了广告的商业形式，这是什么意思？改变商业形式的目的是为了提升商业价值，你提升了哪些价值？

王　嵩：举一个例子，马老师今晚在家上网搜索数码相机的品牌，第二天早上你就可以在我的触摸一体机上看到数码相机的信息。

马　云：为什么？

王　嵩：通过 IP 可以查到。

马　云：你查我的 IP 地址？

王　嵩：我们可以通过百度和 google 网站合作，了解到你 IP 地址的信息。

马云：如果有人将我上网的信息公布出来，我一定告他，这是隐私问题。我还是问，你这个广告形式提升了什么价值，不要为改变而改变，你改变商业广告形式的目的是什么？

王　嵩：目的就是让大家主动地看我的广告，让这个广告互动起来，而不仅仅是一个电视屏幕，或者被动地看，每次强迫去看。

马云点评

你的项目充满着红海。科技型和学者型创业人才经常过分关注技术，一个技术接着一个技术，如果最后不成功就说这个技术不够好。不要因为某个技术而去推广，很多人掌握技术之后感觉很神，然后找人推广。你必须先去了解市场的需求和客户的需求，然后再去找相关的技术解决方案，这样成功的可能性才会更大。史玉柱评委讲到对你的话无懈可击，我也感觉无懈可击，技术人员讲技术的时候都会非常好，因为我们也听不懂。但是只有技术人员真正明白，你的技术解决了什么问题，创造了什么独特价值，你才能够真正做强做大。

7. 最核心的问题是根据市场去制订你的产品，关键是要倾听客户的声音。

案例分析：

佟先生，某洗衣机公司总经理，广东人，50岁，创业前，是一家机械厂的工程师。

1987年，佟先生和自己最好的朋友林先生，在广东佛山市创办了一家洗衣机公司。第二年，产品上市供不应求，来自全国各地的经销商在外排着长队等待下订单。到1989年末，第二年全年的预测产量都已被订购一空。佟先生领导他的生产团队夜以继日地扩大生产。1996年，公司股票在香港证券交易所挂牌。

马云语录

如果竞争过程中，你自己觉得越来越累，一定是你出了问题，应该让对手越来越累，你越来越开心，得到的结果是让对手心服口服说我输了，这样的竞争者才是我们倡导的竞争者。人要成功一定要有永不放弃的精神，当你学会放弃的时候你才开始进步。

但好景不长，竞争对手大量涌现。为此，1997年，公司成立研发部，以保持产品竞争力。

清华大学博士后刘女士领导一个团队研发一款超薄型洗衣机。2000年1月1日，新产品按计划推出，它更小、更轻、更省水，但由于附加了干衣功能，新产品比同类产品贵25%，经销商和零售商不愿意销售，与此同时，公司的一个竞争对手在2000年2月推出了类似的型号，声称有改进的干衣系统，而且更便宜。

新产品滞销，这使公司的市场份额急剧下降。

目前公司75%的产品都是由14家经销商完成的，如果有人转向竞争对手会非常危险。另一方面，和佟先生一起创业的林先生是销售部的负责人，他担心公司销售队伍的稳定，因为销售受挫，工资大幅降低，有些省级销售经理考虑离开。销售部的人开始埋怨研发部门，觉得研发部从来不向他们征求意见，他们认为外壳过薄让顾客不相信这款洗衣机是高质量产品。

研发部的刘女士认为，向顾客解释“薄”的好处是销售经理的责任。“薄可以节约成本，使洗衣机更轻，还可以与厚外壳一样耐用。”但林先生不支持刘女士的说法，他强调，顾客就是上帝。他们要厚的外壳，那就必须按照他们的要求。

研发部和销售部的关系似乎已到了互不信任的地步。刘女士多次向林先生索要详尽的市场信息，然而林先生却很犹豫，因为他发现研发部的许多低层经理居然可以得到这样高度机密的文件。他甚至猜测公司新产品的某些设计已经被竞争对手偷去了。

生产与制造计划部的经理李先生则站在研发部一边，认为销售人员没有在刻苦工作。

问题：

目前，销售部、研发部和生产部现在矛盾重重，如果你是佟先生，你怎样才能打破这种僵局呢？

马云点评

我想谈一点看法，其实在公司里，最核心的问题是根据市场去制订你的产品，关键是要倾听客户的声音。市场打进去了，到一定程度的时候就必须倾听客户的意见。一切产品，都必须倾听客户的意见，必须搞清楚客户到底需要什么，这样我们才能确定怎么生产，确定如何满足客户的需求。很多企业前面的成功往往为后面埋下了更大的失败，因为他们不清楚自己为什么会成功，像赌博一样，一开始是赢了，第二次还是照原来的套路，但市场和周围的环境是变化的，而他们不了解客户和市场需求的变化。所以，成功了，要了解为什么会成功；失败了，更要搞清楚为什么会失败。

8. 诚信绝对不是一种销售，更不是一种高深空洞的理念，它是实实在在的言出必行、点点滴滴的细节。

《赢在中国》选手简介

胡博，男，1980年出生，大专，市场营销专业。

参赛项目

信用服务网，建立企业商家的信用档案，通过全国的信息资源建立自己的信息中心帮助客户寻找客户，同时对此信息进行贸易撮合，使网下服务延伸到每个商人中间。

现场回放

马　云：你创业主要目的是什么？做百万富翁，还是什么？

胡　博：通过这两年多的创业，我现在的使命感、责任感更强了，我创业应该对社会有价值，同时能够实现自己的梦想，还能够帮助更多的人唤起诚信的意识。

马　云：你之前跟大家讲，首先要做一个百万富翁，现在又有了使命感，中间有什么联系？

胡　博：有联系。这几年我在宁夏地区做市场，真的很不容易。白岩松说过一句“痛并快乐着”，对此我有很深的理解。因为对于我来讲，在宁夏这个地方创业，需要的不是很专业的技能，而是自己的勇气和激情，同时能让客户真正感觉到我们大家的价值，能够帮助别人做一些事情。

马云点评

胡博，我想你听了别生气，因为有的时候不是为了这一场赛，人一辈子都是在比赛。如果你是我的员工，你一定会被我辞退掉。这有很多原因，其中有一点刚才熊晓鸽已经讲了，你到公司来融资，但是你根本没有得到公司高层的认同。当然你解释说是为了展现自己，如果是这样的话我会同意你，而如果你代表公司来融资，就凭你刚才几分钟的表现一定会被我辞退掉的。

还有一点，诚信绝对不是一种销售，更不是一种高深空洞的理念，它是实实在在的言出必行、点点滴滴的细节，所以诚信不是能拿来销售的，也不是能拿来做概念的。所以你来之前要明白自己要做什么，要得到什么，当然有的时候自己想做百万富翁和亿万富翁也挺好。诚信就是真实。你说第一桶金是15000人民币，我觉得这真实；想做百万富翁、亿万富翁也真实，但别加上一层大家听不清、说不透的东西。你的很多数据都是混乱的，如果真的按照200万会员中有140万付费客户的话，你的公司可能是全世界最具竞争力的互联网公司。这个数据你要搞清楚，按照580元计算，那就是8个多亿。我还是蛮欣赏你身上还有很多真实的东西，不断地拼搏、努力。但是真正把这个事情做大还需要更实在一点。

9. 公关是个副产品，由于你解决了以后会逐渐传出去，这才是最好的公关。

《赢在中国》选手简介

刘小龙，男，1976年出生，本科，管理专业。

参赛项目

计算机制造销售项目。以新专利产品能在台式计算机用户不损失传统台式计算机优点情况下的全新专利台式计算机(准系统)产品线。

马云点评

我给创意者们一个建议，千万别把灾难当公关看，千万不能觉得质量问题可以通过告诉媒体而会翻回来。质量问题就是质量问题，必须把质量问题解决清楚以后才能谈公关，公关只是个副产品。由于你解决了以后，会逐渐传出去，这才是最好的公关，而不是说召开记者发布会转移话题，错了承认，错了修改。当年张瑞敏把海尔冰箱砸了，但是后来作为公关事件，不仅是砸电冰箱，而是砸了给大家看。看到这个灾难，就说这个灾难我必须解决，最后想到的才是能不能把灾难变成优势。千万别开始的时候就说我要把这个灾难变成好事，你心态是这样的话，今后你的员工会不断地制造灾难。公关不是目的，解决问题是最重要的问题。第二我觉得这个时候是不断地考虑完善自已，有的时候对内公关要比对外公关更为重要。对外控制别人对你的期望值，对内公关抓住一切机会让员工明白，工厂起来的主要原因是质量，而今天失去了质量，凭什么还有市场的占有率。对于一个企业来讲利润下滑我觉得不是危机，市场成熟以后利润一定会下滑的，危机的是他失去了自己最珍贵最好的东西——质量。这两个建议，即别把灾难当公关看和完善自己，千万别把质量问题当做公关出去告诉大家我们还挺好的，那麻烦就大了。

马云语录

我们可以失去一次机会，可以失去一次竞选，可以失去一个项目，但我们不可以失去做人的勇往直前的精神，永不放弃的精神。

10. 文化贯彻是最关键的。

《赢在中国》选手简介

陈泓江，男，1979年出生，本科，金融专业。

参赛项目

网络经营项目。该项目有三个目标，第一金融咨询信息。第二分销平台，为服务者提供更好的服务。第三，金融资金服务战略，为个人和机构提供专业化的服务。

现场回放

马　云：我刚才听你说奥伦巴菲特，你脑子里还有什么优秀的投资人？

陈泓江：一个是索罗斯，还有一个是罗杰斯。

马　云：你公司投资理念是什么？

陈泓江：是证券市场，上市公司的财务成长性价值。

马　云：刚才听你讲，你城里这个公司创造价值，wi客户省成本，你觉得省成本重要，我觉得挣钱比帮他们省钱重要，小股民没钱挣。

陈泓江：我想两者可以结合起来。做这件事情，我发觉有一点，小股民对金融产品没有驾驭能力。简单例子，大妈在菜市场买菜讨价还价很长时间，金融市场所谓的养老金，积蓄投入这个市场，券商收取佣金千分之三，一年下来要交很大的费用，首先是为他们省成本。其次通过证券咨询提供一些专业知识，通过在线提供更好的服务。

马　云：你说在24岁做了100万，你做什么样的股票，你是怎么挣出来的？

陈泓江：这个股票我炒得比较多，利用上市公司财务报表，或者是独特获取信息优势，频繁地来获利。

马　云：频繁来运作？

陈泓江：我这边通过人脉关系可以拿到上市公司研究报告，各大基金公司跟我们公司有相当多的关系。

马云语录

别人问我最早阿里巴巴竞争力是什么，别人可以拷贝我的模式，不能拷贝我的苦难，不能拷贝我不断往前的激情，这个东西你一定要记住，这是你的核心竞争力。当然再好的创意背后必须要有制度、人才去支撑。如果没有制度、人才、执行力支撑的创意就只能够是一个故事，没有用，所以这是我的一个想法。

马　云：什么叫通过你的人脉关系拿到上市公司研究报告，这是什么意思？

陈泓江：大学毕业时，我刚刚23岁，那一年我在杭州新希望投资有限公司工作，公司老总很看得起我，我和全国的很多公司建立了朋友关系，我信息获取畅通一点。加上这几年经验积累和公司财务内在价值分析，所以说我自己能够很好地把握到里面的一些东西。

马　云：你二十三四岁加入杭州新希望，老总看得起你，你去拜访公司，你24岁就炒股票炒到100万，那时候你还在公司工作，那是什么关系？

陈泓江：我参加工作在前，24岁成功在后。

马　云：你24岁就离开了新希望？

陈泓江：就是2003年的时候。

马　云：如果吴鹰是上市公司的CEO，凭你24岁年轻人，会告诉你内幕消息？

陈泓江：我获取的是一些大型研究报告和财务报告。

马　云：公开的财务报告？

陈泓江：公开的财务报告。

马　云：最后一个问题，你这个首席文化官，工作到底是干什么活？

陈泓江：干首席文化官，就是我们公司的文化准则——心有多大，舞台就有多大。

马　云：跟中央电视台一样。

陈泓江：人心有多大，路就能走多远。我们公司把员工成长和企业成长捆绑在一起，员工能在我们这里获得一个很好的舞台，我们会给员工提供很多机会，而且公司内在文化开放平等合作等。

马　云：理念不错，如何传递？

陈泓江：通过公司持之以恒的学习，拓展活动，各方面的人性关注，公司一点点的细节来传递。

马　云：给我举个例子。

陈泓江：公司每个员工生日的时候，我们都会为他准备生日蛋糕，准备生日的小礼品，全体员工围在一起唱生日快乐歌，关心他的家人，关心他的生活，员工受到关怀之后对公司的凝聚力会得到极大的提高。

马　云：你要记住，20个员工整个成本加起来是140万，像你租房，租设备，每个人的年收入三四万元，加上所有的税收，几个蛋糕可以拉得住他们?

陈泓江：我们员工有期权。

马　云：员工有期权?

陈泓江：对。

马　云：还有一点点小问题，任何企业的文化跟它所进行的模式、所做的事情应该是相匹配的。从你刚才讲的文化，公司与大家共同成长，像你这样的公司，你觉得你的企业需要什么样的文化？你刚才讲有好多公司都有这样的文化，你公司有什么样的文化才能符合你的产业发展?

陈泓江：我公司的文化，全体员工有一个明确的目标，刚才我说到的，我们一定要保护公司电子分销平台，我们要为中国的股民提供好服务。在这种激励下，我们相信自己能上市，在期权激励下公司员工非常努力工作。在这种文化的大背景下我相信我们的员工会拿出这种精神来进行自己的事业，是为了事业。

马　云：我还是没有听清楚，你刚才讲的是放之四海而皆准的东西。每个公司都会这样做，我们有一个共同的目标，问题就是对你这个有20个人的高速成长的证券类的企业，你需要你的员工有什么样的特质，什么样的文化，有什么独特的东西?

陈泓江：学习，学习能力。

> **马云语录**
>
> 我们说上市就像我们的加油站，不要到了加油站，就停下来不走，还得走，继续走。

马云点评

我觉得陈泓江挺有创意，挺不错，但是作为CEO和创始人本身最大的职责就是企业文化的推广者，就是首席文化官也是任何创业者和CEO首要任务之一，制订企业文化目标、共同的使命和价值观很容易，最难的地方在于点点滴滴的实施。第二任何一个企业的文化必须和他所处的行业和公司的特点相吻合，我刚才问你几个问题没有听出来，你说学习能力、什么能力，新公司成立都需要这个能力，独特能力是什么，怎么实施贯彻下去。最难是贯彻，几乎每个公司都会说有贯彻，文化贯彻是最关键的。

11. 天不怕，地不怕，就怕CFO当CEO。

《赢在中国》选手简介

许怀哲，男，1971年出生，本科，会计学专业。

参赛项目

解决网。解决网是专注于财税、法律的阿里巴巴，是为企业服务的，当企业有财税、法律方面的问题的时候，都可以通过解决网找到一个适合的服务商提供解决之道。

现场回放

马　云：我听得懂你所说的。像你这样的公司如果说阿里巴巴做呢？我们如果搞一个会怎么样？

许怀哲：因为我们这个行业的利润率相对来说还是很低的，是那种撅着屁股捡钢镚儿的，跟我们竞争的可能性不大，比如说阿里巴巴如果在网站上给我开一个出口，把这些有交易需求的客户引到解决网进行交易的话，我倒是很愿意分出一半的利润来给您。

马　云：打住。分钢镚儿给我用用。

主持人（王利芬）：建议马云先生这份钱不要收了，支持我们新的创业者。

马　云：我觉得挺好。第二个你现在收的是中间的10%的佣金费是吧？你为什么不是会员费呢？

许怀哲：因为没有阿里巴巴那么大的会员费用，我收会员费能收多少？

马　云：10%，几乎所有的客户都跟你讲生意做成了付钱，生意做不成不付钱。中小企业有一个共性，说做好生意他一定付钱，可是一旦做完生意，猫捉老鼠似的，就找不到人了。你怎么办？

许怀哲：我先说服务商这边，我是他的市场营销部门，或者是产品研发模式是共赢的，我能不断地给他提供新的机会，他绕过我的可能性不大，因为我收的比例很低。从中小企业来讲，他们需要的是价格低的，还是需要效率快的，还是需要什么样的，在这里面得到满足。

许怀哲：我们这个行业有一个特点，就是不见兔子不撒鹰，这是一种可能规避的情况。第二种情况，他要么就不在这个市场上生存了，他要生存就要和我们服务行业往来，我把一个黑名单建立起来的话，这些服务商都不会给你提供服务了。

马　云：还有你傍大款、学先进，什么样的先进？什么样的正道？

许怀哲：这个是从冯仑先生那里学来的。傍大款，我们是一个小公司，几个人不太多，我们也没有豪华的办公室，我们做服务是服务于境外的投资者的，我就找了一个行业内的我的师哥，他是全国第18类行业服务之中的一个，我可以租他的办公室，这是所谓的傍大款。学先进，因为我在这个行业里进入的时间比较长，我从2002年开始为知名的国外律师事务所提供代工的服务。从他们那里学到了服务流程的设计和对细节的关注。

许怀哲：另外一个先进就是马云先生您的阿里巴巴，我从90年代就开始考虑您的模式，一直在学习。所以我很多招数，包括以后的市场招数都可能向您那儿取经的。走正道就是您提到的不能靠关系挣钱，我们把这个理解成什么呢？作为一个企业一定要有自己的核心竞争力。这个是稳固的，是基于你的竞争能力，关系可以给你提供价值，但不能成为你业务的主宰。

马　云：还有中小型企业需要的很多财税方面的政策，他要求你能帮我逃点税、避点税这个方面你怎么办？

许怀哲：是这样的，因为我是做会计师出身的，这个行业的能力不是体现在做假账，你清楚地知道那个边界在哪儿？你无限制地接近那个边界并且不逾越它，这也是我们公司能做到的一点，这也是我们小小的几个人在这里面活得还不错的缘由。

马云点评

小许，我觉得你今天表现很好，你也不用担心阿里巴巴跟你竞争，阿里巴巴不会跟你竞争，我觉得像你们这样的企业我们不仅不跟你竞争，还要鼓励发

马云语录

阿里巴巴能够走到今天有一个重要因素就是我们没有钱，很多人失败就是因为太有钱了。以前我们没钱时，每花一分钱我们都认认真真考虑，现在我们有钱了还是像没钱时一样花钱，因为我今天花的钱是风险资本的钱，我们必须为他们负责任，我知道花别人的钱要比花自己的钱更加痛苦，所以我们要一点一滴地把事情做好，这是最重要的。

> **马云语录**
>
> 对一个企业来说赚钱是很容易的事情，这是我的结果，不是我的目的。但是你赚的钱能不能持续赚钱，能不能持续创造价值，影响社会，领导整个电子商务互联网，这是我觉得最难的事情，我要挑战的是这些。很多人都懂得怎么赚钱，世界上会赚钱的人很多，但世界上能够影响别人，完善社会的人并不多，如果做一个伟大的公司，你就做这些事儿。

展这样的企业，发展第三方服务商。我觉得计划讲得不错，市场也存在，中国马上进入服务性行业，在这里面有戏可唱。我比较担心一点是，天不怕，地不怕，就怕CFO(首席财务官)当CEO，财务官当CEO有问题，财务官的职业是检查、是控制，所以财务官当CEO会缺乏远见，这方面我希望你能够多走多看，也许对你帮助会更大一点。

12. 短暂的激情是不值钱的，只有持久的激情才是赚钱的。

《赢在中国》选手简介

董冰，男，1972年出生，硕士，政治学专业。

参赛项目

AR修车博士。目标是做中国最专业的电动车维修和综合服务企业，提供电动车整车、二手车、维修、配件批发、高科技产品研发。

现场回放

马　云：谢谢董冰。我简单一点，三个问题，第一，为什么是电动车；第二，为什么是苏州；还有组织员工学习三个小时你在学什么。

董　冰：为什么我选择了电动车，我先回答第一个问题。因为这个行业被打压，是完全依靠市场推动力发展支撑的，现在我已经得到了一个很好的消息，政府马上解禁了，证明它顽强的生命力已经迫使一些地方政府不得不让路了。真正有市场生命力的东西一定不是靠扶持起来的，而是靠市场需求生存的，再加上我们的技术能够深入到这个行业，所以我选择了电动车这个行业。第二，我为什么选择苏州，有两个理由。一是因为苏州的电动车保有率非常高，如果我在苏州做不成功，证明我无能。二是因为我在苏州没有任何可以利用的关系，如果我能做成功，就说明我们的模式能够复制到全国。第三,三个小时学什么，我以我的团队为荣誉，为骄傲。但是不得不告诉大家，我们所有人，除了我以外平均学历只有初中。很多人十几年以前来自于安徽的大山沟里，我举一个最简单的例子，我要求我的店长很短时间内培养起来人，如经过十天左右的培训，他已经能够做到抬头挺胸，穿着我们的工作服走进五星级宾馆的大门。这就是我们的培训。我们让

马云语录

今天要在网上发财，概率并不是很大，但今天的网络，可以为大家省下很多成本。

所有的人以这个为荣，只有这样才能做强做大。

马云点评

董冰，我非常感慨，你这样的项目是《赢在中国》更需要倡导的，点点滴滴做起一个小店，小企业要有远大的理想，我看到了这个远大的理想。但是我觉得你的激情也不错，我的建议是短暂的激情是不值钱的，只有持久的激情才是赚钱的，而激情不能受伤害。尤其你的员工在上班非常累的情况下，要再读三个小时，学习，这很好，但是一个人的体力会消耗掉的，学习无处不在，要从听、从看、从刻苦中学习，你要在这儿做调整。

第三讲 学会在危机中感恩

2011年在宜兴企业家论坛上的演讲

我觉得我们现在是真正地处在一个充满危机的时代，而在危机的核心、在危险之中才有机会。

人经历挑战、经历危机，是一种巨大的缘分。

我们必须有不同的思考、不同的试验，所以我们有时觉得，不是做得更全面、更好，而是做得更加独特，以不同的视角去看待这个世界。

我们今天做企业，理想主义和现实主义的高度的结合才能让我们走下去。没有理想主义，不能引导我们未来；没有现实主义，我们活不过今天。

我们永远坚信：客户第一，员工第二，股东第三。员工应该是最具幸福感的员工，企业必须打造员工的幸福指数。

就像每一代人超过前一代的人一样，80、90后他们将承担起解决这个社会的很多问题。

我刚从美国回来。在美国也感受到了对世界经济未来的看法。今天命运的挑战非常大，我觉得危机根本就没有过去，而且永远渡过不了这个危机。我们要么在危机之中，要么在走向危机之中。在未来的几十年以内，人类在各方面所碰到的危机，会超越我们的想象。在经济上，一会儿是美国，一会儿是欧洲，有可能在我们亚洲，有可能出现我们相信的自然灾害，今天地震、明天海啸、后天又是那样。我们会看到可能由经济、自然各种原因造成的社会危机也会源源不断。我觉得我们现在是真正地处在一个充满危机的时代，而在危机的核心、在危险之中才有机会。

我自已觉得我们很幸运，活在这个时代，可以经历这样的危机，并且去挑战这样的危机、解决这样的危机。在上个礼拜，在微软、在盖茨家里，我们跟巴菲特做了一个很好的交流。巴菲特特别让我感受到一种激情和对未来的梦想。他感恩、感激生活在这个年代。我也是这么觉得。假如一个七八十岁的老人对今天这样充满危机的时代，充满了感恩之情，充满了挑战之情，那么，今天中国的经济改革开放三十年，绝大部分的企业家在我们这么少壮的年龄，我觉得我们更应该相信我们有更好的未来。

其实，人经历挑战、经历危机，是一种巨大的缘分。但是我们另外想，如何面对这样的危机，我们需要什么样的心态、什么样的能力去面对今天的世界？我们必须有不同的思考、不同的试验，所以我们有时觉得，不是做得更全面、更好，而是做得更加独特，以不同的视角去看待这个世界。我个人认为，在今天这样的状态下面，人类进入21世纪，但我们绝大部分人的思考停留在上一个世纪，人类进入了信息时代，但我们的思想还停留在工业时代。所有的人，大家对企业家的看法，而企业家对自己的看法、对社会的看法，都有很大的改造。社会对企业家的看法，你们企业家、商人也就是为了赚钱，一切都为了赚钱，而且对自己的这种看法愤愤不平。今天很多人说，社会上有很多弱势群体。所以我在想，我们今天做企业，理想主义和现实主义的高度的结合才能让我们走下去。没有理想主义，不能引导我们未来；没有现实主义，我们活不过今天。

我觉得我们进入21世纪这个时代，迅速地全球化。在信息化的情况下，所有的企业必须重新回归思考自己的问题。我认为上一个世纪企业的存在是为了寻找机会，创造刻苦价值，寻找机会并且把这个机会做大、做好，而在21世纪所有企业必须要解决社会的问题。如果我们不能去解决社会问题，我们不会持久。我自己的公司也在问这样的问题，什么东西能够让阿里巴巴再度持续发展二十到三十年？

我们相信没有一个机会可以让我们这样的企业发展二十年，只有一样事情是可以让我们自觉地发展，那就是我们找到社会问题，并且持久去解决它、去完善它、去改善它。不过，互联网为什么会发展得那么快？总结了互联网，有四大主要的要素：第一是更加开放了，第二是透明，第三是分享，第四是承担责任。所以，由于这四项的价值体系获得公认，使得互联网在短短的十几年内发展迅速，互联网的企业发展迅速。那么，从这儿来看，21世纪的企业，假如你希望深入21世纪的发展，深入未来的发展，必须坚持开放、透明、分享和承担责任。我们今天在做企业的过程中，也必须再回到很多地方，回到基本点，比如第一我们永远坚信：客户第一，员工第二，股东第三。这是我的认识，在阿里巴巴的事业中，客户不仅仅是你销售的客户，而且是社会的利润。如果你不能为社会解决问题，如果你不能为社会创造价值，那么，你们企业存在的利益不是很大，而这个创造价值的核心主体是员工，它不是股东。

马云语录

这世界最快的就是变化，变化是痛苦的，我们必须拥抱变化。

今天在西方导致金融危机很重要的一点，我认为原因之一，除了贪婪以外，股东利益第一是导致很多东西的到来，希望大家做企业一定要回到谁是你的客户，你为它创造了什么，谁为客户创造了价值——员工，第三才是股东。

另外，也是在美国我再度地认为，与在美国企业家的交流过程中，我觉得我们现在做生意的过程中，一只眼睛永远看到的是客户，另外一只眼睛看到的是合作伙伴。而上一个世纪我们很多企业这只眼睛看到的是财富、看到的是股东，另一只眼睛看到的是竞争。假如你这只眼睛看到的是股东，那只眼睛看到的是竞争的话，你的企业永远不会开心，永远不会快乐。上一世纪，我们经常讲，劳资之间的关系用马克思主义的话讲是剥削与被剥削的关系，而本世纪则是合伙人的关系。我们上一世纪若提出很多企业的发展，是最佳入股公司。我们现在提出员工应该是最具幸福感的员工，企业必须打造员工的幸福指数，有的员工虽然不是收入最高的，但是他们是最开心的、最快乐的。他们知道为社会创造的价值、为自己创造的价值、为家人创造的价值。这个时代，我也相信这个灾难会越来越多，但我坚信人定胜天。这个“定”是指镇定的定，不管多大的灾难，人只要镇定下来，你自然会找出方法的，不能因为社会有动乱，不能因为各种各样的问题改变自己。所以，我相信，外面不管发生天翻地覆的变化，你知道我为社会创造的价值、我为家人创造的价值、我为后代创造的价值、我为我自己整个企业员工创造价值的时候，你会心安理得地不断地走下去。所以我相信，在这儿我要呼吁大家高度关注我们年轻人，关注未来就是关注年轻人。我坚信这个世界间

马云语录

互联网是影响人类未来生活30年的长跑，你必须跑得像兔子一样快，又要像乌龟一样耐跑。

题很多，但解决问题的方法会更加多，而且这个问题更多的解决方法一定为难年轻人。但是那些80后、90后就像每一代人超过前一代的人一样，80后、90后他们将承担起解决这个社会的很多问题。关心他们必须关注环境，今天我觉得像玉树地震，我们总共死了两千多人，由于水污染、空气污染导致我们每天死掉的人是一两万人，也就是说，我们每天至少有五个到十个人像玉树地震、青海地震这样的灾难发生中。假如我们不关心未来的环境，那么我们今天所有的发展是为了制造社会更大的灾难。我相信企业家们，在社会发展的过程中，我们一定是为了自己，而不是为了公关，不是为了口号，而是我们为自己，为自己的后代、下一代建立一个环境，让我们的员工、我们的客户、我们的家人都感到快乐。

谢谢大家！

马云语录

看见10只兔子，你到底去抓哪只？有些人一会儿抓这个兔子，一会儿抓那个兔子，最后可能一只也抓不住。CEO的主要任务不是寻找机会而是对机会说NO。机会太多，只能抓一个，抓多了，什么都会丢掉。

创业，且听马云说了什么

1. **聪明是智慧者的天敌，傻瓜用嘴讲话，聪明的人用脑袋讲话，智慧的人用心讲话。**

《赢在中国》选手简介

菅毅，男，1981年出生，大专，公共关系专业。

参赛项目

自由职业服务网。为自由职业者提供服务，同时也为企业提供服务。

现场回放

马　云：人格魅力和谈判魅力到底是什么东西？你的人格魅力是指什么意思？

菅　毅：我个人认为我的人格魅力首先来讲第一点是可以吸引人，第二点我可以让人有信任感，也就是说我可以让别人把东西交给我很放心，因为在一家私营企业工作，在我这儿可能会有很多人担心，尤其像我刚才说4个月不发工资，可能很多人不会干下去，在很多企业人们会选择离开，但是在我这儿他们会信任，我觉得人格魅力最主要的一点是一个信任，我可以被人所信任。

马　云：觉得让我的孩子到你这儿工作，4个月没有工资，你告诉他将来一定有饭吃，这个失败了下一个还失败，我怎么也不会相信。

菅　毅：我用事实证明了他们对我的信任，我做到了，我可以让自己继续，我可以自己出去打工，我不会让我的员工跟着我吃苦。

马　云：你觉得员工4个月没有拿到工资不是吃苦？

菅　毅：我当时说了，我们可以把公司卖掉给你们发工资，他们都不同意，他们每个人都主动说我们现在不要工资，我们只要把这个单做好，这个单子的钱回来我们大家都有工资，所以说他们相信我，我也做到了。

马　云：刚才有一个数字讲得非常准确，你只要470万元。

菅　毅：470万是我在项目计划书里说的，在这里大概说一下，首先210万是广告费，占到很大一部分，还有110万左右要投入到前期的公司，包括办公室租用，设备的购置，还有办公室装修等等这方面的费用。

马　云：多少？

菅　毅：这个数字应该是90万吧，很

马云语录

一个企业家经常要问自己的不是“我能做什么”，而是“该做什么，到底想做什么”。

抱歉我真的印象很不清晰了，90万左右，它作为员工的工资预留，一年的薪金预留，虽然说我的工资是按月发，但是我愿意把一年的工资都留下，我不愿意出现去年4个月发不出工资的情况了。

马云语录

我们是教人钓鱼，而不是给人鱼。

马　云：我觉得你这个470万很准确，你每一笔资金都算得很准确，你像印在脑子里一样才能说得出来，你刚才说100多万是留给员工的，余下来的是作为流动资金，像自由撰稿人、设计人员、网络设计、策划翻译这些人，就是所谓在家工作，这是我的理解。

菅　毅：您说。

马　云：这些人比白领的收入还要高，他们敢做自由职业者的话一般都有客户，他干吗还需要你呢？像自由撰稿人如果他的稿子都没有一个报社订好一定要他的稿子，他会在家活活饿死，好像我写一万篇没人要我的东西。

菅　毅：我想声明一下，马总从一开始做生意到现在，您的资金积累会越来越丰厚，您会嫌多吗？

马　云：我嫌多。

菅　毅：您觉得现在钱已经足够多了，不需要更多了？

马　云：不是足够多，而是因为太多我管不了。

菅　毅：如果让您倒回去，一个月只有3万块钱收入，您会不会努力赚4万5万？

马　云：我可能不会，很多人会。

菅　毅：也就是我刚才说的我会让你赚我的钱，第二个方面我为什么给他提供服务，给他提供什么服务，他怎么需要这些服务。因为我是自由职业者，2003年我本身就是一名自由职业者，我们可能不知道亲戚朋友，不知道我们的爱人想什么，但是我们清晰地知道自己想什么，我清晰地知道我想要什么服务，从那个时候我有了这个计划，也开始做这个网站，我清晰地知道自由职业者需要什么，我要给他们有活做，有钱赚，这是第一点。

菅　毅：第二点我讲到一个团队的协作，可能有一个人有活儿了，他已经有单子了，一个公司交给他一个设计的案例，可能这个设计案例他一个人根本无法在对应的时间内完成，可以在我的网站上组建临时团队，或者长期团队，这样我提供一个团队的协作。

马云语录

我是说阿里巴巴发现了金矿，那我们绝对不自己去挖，我们希望别人去挖，他挖了金矿给我一块就可以了。很多人喜欢把金矿去牢牢守住。我们去帮助别人发财，别人发财我们才能发财。因为我们所需并不多。

马　云：我了解了一批自由职业者，大部分人对工作的愿望不是很强，你给他更多的订单他一点兴趣都没有，这正是这些人选择自由职业者的原因，他为什么还要挣我的钱？

> **马云语录**
>
> 听说过捕龙虾富的，没听说过捕鲸富的。

菅　毅：您说得没错，自由职业者是越来越多，多了以后就会有竞争，你在3年之前做，你也有了一定的知名度和一定的圈子了，但后过来的人怎么办？我知道您有一个淘宝大学，为什么不把它拆了，可以说我在淘宝很多年了，我对上面的东西很清晰，但是新来的人并不知道，你要告诉新来的人怎么赚钱。

熊晓鸽：不能用淘宝模式，因为马总3年不收钱他的员工都可以拿工资的，你是免费地上，你弄成他这样的，你的魅力可以坚持4个月，你的员工待不了3年的。

菅　毅：马总是在免费，而我们是收费，我们有会员费，还有案例的佣金，还有自由职业的佣金，他是最需要培训的人群，我们还会跟第三方培训机构有一些合作做出一些培训，这个方面还是有一些收费，所以说利润方面，收费方面完全可以保证工资，这是没有问题的。跟马总那个形式可能不一样，但是我们运作的模式跟淘宝有很多类似之处，因为淘宝是在买卖。

马　云：你刚才说的那些听起来很有意思，我觉得自由职业者在中国这个市场还没有成熟。我脑子里的自由职业者，是门口大街上问你们家要刷油漆吗的那种，这样的自由职业者的市场挺大。一般出来创业的人，像这样的自由职业者大都是有客户的，你觉得这批人市场将来会很大是吗？

菅　毅：首先来讲，他需要服务。他有客户他也需要政策法规的服务、一些善后的服务，像后勤的东西，每个人、每个企业都是需要服务的，包括现在很多成熟的企业，他们仍然需要会计师事务所、审计师事务所、律师事务所的道理是一样的，你就是再成功的自由职业者，也需要服务，而且这批人是最愿意花钱买服务的人。

马云点评

我是这么觉得，作为一个领导者不要让别人为你工作，而是应该为了共同的目标或者使命，或者是一个理想去工作，为你工作会很累，绝对不要因为你的人格魅力跟你工作。4个月不发工资不是魅力，是领导者的耻辱，你每次要判断怎么样让你的员工永远发得起工资。我曾经有一次发不出工资，差7天，尽管我的员工说还可以熬两年，但是我尽量不让这个事情发生。还有一点，你是一个非常好的市场推销员和销售人员，最后找合作发挥你的强项，你的推销和谈判能力不错，吴总说你很聪明，聪明是智慧者的天敌，傻瓜用嘴讲话，聪明的人用

马云语录

我们花了两年的时间打地基，我们要盖什么样的楼，图纸没有公布过，但有些人已经在评论我们的房子怎么不好。有些公司的房子很好看，但地基不稳，一有大风就倒了。

脑袋讲话，智慧的人用心讲话。所以永远记住，千万别把自己当聪明人，最聪明的人相信别人比你聪明，你这样才会走得更远更好。

马云语录

我练过太极拳。太极拳要求专注，别看绕来绕去，其实瞄准的目标都只是一个点，而且选择适时出击。所以在金庸小说里，我特别欣赏黄药师的出场。所有人都不怎么在意这个老头，没有防他，黄药师突然一招将我认为最能打的人扔到河里。所以选择什么时候出手很重要。

第三也不要相信这些投资者的话，你最后上了熊总的一个当，他说你多出来的30万去做慈善事业，你回答如果投资者同意的话我就去做，这个投资者同意，你也不一定去做，因为你知道你现在需要的是生存，这30万对你来说生存和发展更为重要，对于一个创业者来讲，首要的是解决生存问题，解决就业问题，实现你的理想。等你做成功以后，你不成为社会的负担，你才可以解决自己的负担。你自己才这么点钱，投资说可以就可以，千万别相信他们。

2. 创业时期千万不要找明星团队，千万不要找已经成功过的人。创业要找最适合的人，不要找最好的人。

《赢在中国》选手简介

赵尧，男，1971年出生，工商管理硕士。

参赛项目

支付式营销。把美国成功电视营销和其他成熟的产品，经过中国专业化服务进入中国市场。涉及市场调查、媒体的策划和采购、定单通过呼叫中心的取得、订单的处理、收付款结算、物流，以及市场开发。

现场回放

马　云：你简要地介绍一下你的管理团队。

赵　尧：我先从中国这边说起，现在是我一个人全职做这件事情，我的团队已经非常认同这件事情。认同我们事情的人，包括这么几位角色，其中一位朋友在中国做电视直销，成功运作了好几年，他后来改行做了保健产品，但是当我提起这个概念以后他非常感兴趣，他要加盟，这是一位。第二位最近刚刚把他苦心经营了十年的物流企业，出售给了一家香港上市公司，他就退出了，这位跟我也是八年的朋友，他在美国和中国之间跑来跑去，他的企业还代理沃尔玛在加拿大的全部物流业务，他会加入我的团队，帮我们打理在中国的物流操作工作。第三位朋友在美国代理了一家汽车用品，这个企业到中国来做代理商，在过去几年他的产品通过行销占据中国70%的市场，在这种情况下，他给我们带来的，除了对中国零售环节这种概念和管理的经验，除了这点之外更多可以帮助我们，当美国客户的产品通过电视频道进行直销以后，下一步在他产品周期不同发展阶段会有和地面零售结合的方式，提供这方面的资源。除此之外在美国有一位斯坦福毕业的律师，在过去三年里面，服务于两家不同的非常成功的电视营销企业，他是我的合作伙伴，在美国这边为我们处理所有法律业务，这很重要。还有一位，他曾经是NBC广播网副总裁，后来在美国家庭频道做了市场营销总裁，我认识他是在提供咨询服务的时候，他在洛杉矶又服务于不同的电视直销企业，做高级领导。我想请他为我们做顾问和公关，他说融资以后要加入我的管理团队，简单地讲有这么几位。

马云语录

我挺喜欢风清扬，喜欢他的“独孤九剑”，他的这种“无招胜有招”。他能够永远想着，进攻的时候，人家最强的地方也是最弱的地方。大家认为对的地方，往往里面有错的地方；大家认为危险很大的时候，要想到机会就躲在里面。

马　云：这五位一个是搞直销很成功，还有搞物流，还有做汽车，这三位以前都认识吗？

赵　尧：有两个人我认识，另外两个人也有接触，我们于7月4号、5号在北京会开一个会。

马　云：搞物流的人来你这儿负责这一块？好好的物流卖了，再到你这儿做新物流？

赵　尧：这个概念不一样，每个创业人经过十年之后，由于种种原因会做不同的打算，这是他个人的决定，我不去评判。他对这个事情，从筹划到现在已经有两年半，从一开始自己一点点地讲，到概念的形成，大家从不信到将信将疑，到完全认可有一个过程。他今年也是40岁刚刚出头一点，虽然很成功但还想做点事情，假如我这个团队他能负责的话，对我们来讲很重要，因为他多年经营的经历，他带领他的人进行实际操作，他自己做他自己想做的事情。

马　云：你这个公司成立起来估计需要多少资金？

赵　尧：在前六个月估计需要60万美金。运营第一年估计需要100万美金。

马　云：所以第一年下来你需要100万美金，第一年是亏损，第二年利润达到250万到350万美金的利润？

赵　尧：我希望是这样，这是估算还没有操作。

马　云：你以前没有操作是什么意思？

赵　尧：没有在中国落地操作。在美国有两个公司，这两家企业都是支付式营销，不局限于电视营销，它们为支付式营销提供专业化服务，市值现在跌了很多，在15亿到20亿美金之间。

马　云：市值我理解，我很想知道，100万投入，第二年有250万到350万的利润，主要怎么做出来，你回答这个问题，你有一些独特、职业性的服务，这些职业性服务到底是什么，跟中国有什么区别？

赵 尧：我必须再阐述一遍，我这个服务蛮多，行业也很奇怪，大家不熟悉。也不是很麻烦，就这样想，支付营销从经济上来讲有它存在的必然性，因为它把中国很多分销环节拿掉了，形成节约，形成效率。但是支付型营销必须依赖于媒体，可能是广播、是邮件、是目录，要让企业把产品信息、价格信息，通过媒体送到千家万户，把定单拿回来取得利润。这样的企业需要的服务环节有独特要求。第一要选择什么样的媒体。第二要进行试采购。第三做实验，比如说你买电视，在今后三个星期里面要采用不同的方式、不同版本进行测试，测试完了以后才决定可以做。这是大量投入媒体，在这个时候需要一个海量数据处理中心，前台必须是一个呼叫中心，或者是录入中心，根据不同形式而定，这时候就有技巧。我们在中国做过市场调查，一般来讲，电视上卖600块钱东西，多了没有，少了没有。呼叫中心不是一个接单的地方，而是促销的地方，有流程管理，接到海量订单以后，我这个客户在美国那边有两个系列产品，其中一个系列一个星期接到定单是一万个左右，一个

> 马云语录
>
> 对于电子商务网站来讲，所谓的客户第一，简单地说就是让自己的会员赚到钱，这并不是说会员口袋里有了5块钱，然后我们拿1块钱，而是要帮助客户把口袋里的钱变成500块甚至更多，这个时候会员会非常愿意给你50块钱。

马云语录

商业合作必须有三大前提：一是双方必须有可以合作的利益，二是必须有可以合作的意愿，三是双方必须有共享共荣的打算。此三者缺一不可。

单不大，只有175美金左右，也不多，加起来很多。这个海量订单处理对于整个工作流程和自动化就产生了非常严格的要求，这也是我们要提供的服务。接到订单以后，因为你的销售手段非常灵活多样，电视节目打出去，在座所有人买东西买出30种不同组合，每个要多少钱，发多少货，这是很严肃的问题，要有专门的物流管理来处理，再加上有售后服务，还有市场开发，这是我们要提供的服务。

马　云：最后一个问题，如果你拿不到这些资金你准备怎么做，做还是不做，如果做你怎么做?

赵　尧：简单回答，我们要做，我们对这件事情笃信不疑，刚才说到60万美金，我们说在那里拿不到，我们一定会拿得到，虽然不是从这个环节拿到。

马　云：一定要从外面拿到60万?

赵　尧：这个钱总是可以找到的，我们有这个信心。60万美金约500万人民币，大家勒紧裤腰带把这个事情搞起来，只要有现金流，不愁拿不到资金。

马　云：我还有一点点小问题，你项目需要60万美金启动，估计到什么时候赢利?

赵　尧：我解释一下，我们估计有六个月的时间没有任何营业额的收入，六个月以后可以由第一家美国客户产品在我们平台上进行试运行，在试运行的时候就有收入了，是这样的一个概念。

马云点评

赵尧，你的整个成熟度，以及项目的可行性，刚才吴鹰也都讲过，我挺认同，我就讲一些我可能担心的事儿，第一你最骄傲的是你的团队，你的团队恰恰是我最担心的，创业时期千万不要找明星团队，千万不要找已经成功过的人跟你一起创业，在创业时期要寻找这些梦之队：没有成功、渴望成功，平凡、团结，有共同理想的人。这个看了很多人的创业过程我才总结出来的。等到你一定程度以后，再请进一些优秀的人才，对投资、对整个未来市场开拓才有好的结果，尤其是35岁到40岁，已经成功过的人，他已经有钱了，他成功过，一起创业非常艰难。所以我给你提出逐步引进，创业要找最适合的人，不要找最好的人。

3. 最大的挑战和突破在于用人，而用人最大的突破在于信任人。

《赢在中国》选手简介

李小霞，女，1974年出生，硕士学历。

参赛项目

五八特价网，是一个专业广告门户网站，它的信息致力于特价打折促销商品信息发布，将商家打折销售与消费者紧密联系在一起。

现场回放

马　云：小霞，你刚才讲有五个人的松散团队，你能大致介绍一下这个团队吗？

李小霞：这五个人是几年工作当中的同事还有同学，五个人大概现在分工是这样的，我是整个项目的召集人，目前是CEO兼COO。另外一个人是技术出身，现在做软件行业，在软件行业里面做CTO，做技术把关和设计，还有一个是整个网站设计，是美工，第三位是财务合作伙伴。

马　云：刚才吴鹰问了怎么能增加访问量，我觉得信心也不是太大，从理论上来讲朋友拉朋友，朋友的朋友是朋友，朋友的敌人不是朋友，很复杂的一套理论。真正做成功的很少很少，万一你在未来十个月、二十个月做不到十万会员怎么办？会员不灵了，以前新浪、搜狐、网易没那么多的时候是容易，现在是越来越难，你准备怎么办？

李小霞：我这样认识市场，对价格敏感关注的群体都关注这个网站，第一次接触这个网站，会认可给他带来的价值，我相信他会一而再再而三地访问网站，制造网站关联度，我相信一百万会员这个速度应该还是能够达到，因为这个网站满足了他们生活消费的需求。我主要是从需求角度抓住客户。

马　云：你估计一百万会员一而再再而三来网站，一百万会员经常来的有多少？

李小霞：这得看我的频道设置了，像商场频道，每个人在一个月期间发生一到两次购物，有购物需求的时候，他会来网站访问。

马　云：一百万，你估计每天会有多少会员来访问？

李小霞：这个至少应该占到50%左右吧。

马　云：我现在大概告诉你一个基本网络上的数据，能够做到20%的话已经很不错了，已经是很顶级的网站了，如果你是定位为阿姨、大妈，每天靠那个量的话，一百万会员不够，350万的广告费用你准备怎么投？

李小霞：广告基本上是线上和线下两种方式结合，首先对于互联网采用线上这种方式，线上方式我会选择以前四个频道的，买一些广告位来进行广告投放。第二种方式采用团购式，这种广

马云语录

你不管做任何事儿，脑子里不能有功利心。如果一个人脑子里想着人民币，眼睛看到的是美元，嘴巴吐出来的是英镑，那这样的人是永远不会真正地把客户的需求放在第一位的。

告方式，是把一些商家广告打成一个包，在新浪、雅虎黄金地段买广告位，这是线上广告。线下广告，五八特价网是贴近老百姓生活的网站，我更多倾向于通过发放小的纪念品，这些小的纪念品在日常生活中频繁接触到，让它随时能够看到五八特价，吸引大部分人来访问网站。第二种方式是跟电台做合作，跟电视台一些生活频道做一些合作节目来吸引一些人气，来吸引我的一些网民关注我的网站。这是第二种方式。第三种方式选择公交线路，在二环、三环以内比较繁华地段来投放广告。

马　云：我最后一个问题，如果像其他购物网站如淘宝网，易贝易趣，打折挺好，一下子做起来，规模挺大，你准备怎么办？

李小霞：首先从我跟它区别来讲，第一点我在CCTV经营我的五八特价这个品牌，这个品牌知名度其他网站没有，如果它再转型做，刚说的淘宝，如果做打折相关信息有一个时间差问题，第二点我一直认为互联网行业核心竞争力不在技术，在品牌和商业模式，我们实际上在这半年时间内探讨如何加盟合作伙伴，我想在这个程度上我比其他竞争对手更领先市场定位，谢谢。

马云点评

小霞呢这个创意挺好，整个构思、各方面都挺好，你讲得也挺不错，我觉得这个网站可能投资量也不需要太大。但是你将来的一个挑战就是，女性创业是一个挑战，而女性创业最大的挑战和突破在于用人，而用人最大的突破在于信任人，所以这个是我的建议。

4. 在公司内部找到能够超过你自己的人，这就是你发现人才的办法。

《赢在中国》选手简介

李海镛，男，1975年出生，工程硕士。

参赛项目

高档铝合金和铝木门窗——奥贝特门窗的生产和销售。该项目目前在美国市场有稳定的销售。在中国市场的销售刚刚开始。

现场回放

马　云：是不是做重大决定，都在家里桌子上？

李海镛：不会这么做事情。

马　云：我想问一下这个东西的高端市场，意思是说又高又大的门窗。我看起来我们家的窗户都比较大一点。

李海镛：这个是我的失误，我应该换一个人在边上比较好，我想问一下你们家门窗有3米6那么高吗？

马　云：我不知道。这很难吗，做窗户大一点跟小一点真的很难吗，不就多加一点材料吗？

李海镛：没错，你说得非常对，就是多加一点材料，但就是多加一点材料，国内做的人不多。他们是想怎么节省材料，国内对我们的需求不大的时候，他节省材料可以做到。但是对门窗，或者是跟居家有关系的……

马　云：别人是不愿意做，还是做不出来？

李海镛：我认为是不愿意做。

马　云：我明白你的意思，很多人不是做不出来，技术含量是有，就是不愿意做。但是圆弧难道也是高科技吗？

李海镛：不是。人家也可以做，只是看他们做得好不好。

马　云：你负责海外开拓，怎么开拓？

李海镛：说穿了很简单。我在美国通过我的调研，跑了很多展览，我确定了几家在高端市场方面的一些经销商，跟他们谈，给他们看我们的产品。后来我们就确认了一家让他作为我的全球代理商，我把东西交给他代理，这样我不用做市场，他有经验推广，只要他喜欢我的产品，推销我的产品就可以了。我给他做很多各方面的服务。

马　云：我觉得人家知道这个套路还是很简单，第一，这个产品没有技术难度，只不过是不愿意做。一看你有那么好的市场，也可以到国外找这样的代理，很多就可以推倒你，你担不担心，你老爸、儿子，加上亲戚朋友，你们的竞争，人家加入的壁垒几乎没有。

李海镛：我首先要谈一谈我们的核心竞争优势，那就是说经过我们这么多年产品的开发、生产，对这个质量有深入研究，大家对做精品的概念有一个认识，我们厂里有一句话，我们做的是门窗中的奔驰，不是说我们……

马　云：门窗中的奔驰。

李海镛：我们自主产品开发非常强，在两年多时间中我们开发了三百多条，三种五金件，这不是我们做的事情，但是我们开发了。好多事情不是说我们中国人做不好，我们中国人想做，载人火箭飞上天去了，不要说做门窗了。经销商跟我说螺丝钉不要给我了，我说为什么，他说你们的螺丝钉打三个断一个。我说不可能，我们是市面上最好的。他当场给我演示，他打了，断了三个。他还说，我们的不锈钢导轨，在海边，在山上，要非常好的不锈钢导轨，它生锈，但是我从别的地方进就不生锈。所以我就把这一点点的细节全部理平了，如果有人跟我一样地做，一定做得很好。

马云点评

李海镛，我很佩服你的激情，你的执行力，还有细节，在你身上我看到了很优秀的创业者动手的能力，我还是蛮看好你做人的原则。刚才史玉柱讲了家族企业和公众公司的问题，我觉得这个要认真思考，回去跟你父亲认真地探讨。但是有一样东西是34号选手（李宗恩）讲的，就是你的真诚。34号选手讲到真诚这个词的时候，我心里很放心，因为我知道36号今天是靠真诚打动观众的，不一定是项目。36号，我给你一个建议，不管将来做成什么样，永远不要丢掉真诚这个品格这个性格，这个才是最重要的。关于挖掘内部人才的问题我是这么看，在你公司内部一定有人超过你，永远要想办法找到在公司内部超过你自己的人，这就是你发现人才的办法。如果你找不到问题一定在你，你的眼光有问题，你的胸怀有问题，可能你的实力也有问题。所以我觉得在内部找到超过自己的人，你相信这小伙子，这个人，三年五年以后一定超过自己，找出这样的人来。今天也许有这样那样的问题，但是一定有这样的潜力。第二个从结果上判断他，从过程上判断他，从他边上的人判断他，还有很重要的是让他给你推荐他认为最优秀的人是谁，从这儿判断他

马云语录

我们不会因为媒体，不会因为评论者，不会因为分析师和任何专家的评论改变我们，我们只会因为客户改变而改变。

是不是优秀的人才。

5. 什么都想自己干，这个世界你干不完。

《赢在中国》选手简介

钱俊东，男，27岁，本科。

参赛项目

打造中国高校第一传媒，建立各种丰富的校园媒体。在高校开发相关文化产业，整合高校资源，打造一个新的模式。

现场回放

马　云：我看你获了很多奖，西部经济观察家，陕西省观察员等等，那么多奖你最在乎的是哪个？

钱俊东：高校毕业生先进人物。

马　云：为什么？

钱俊东：我的创业过程中，包括陕西省，方方面面很多支持。我们这个企业比收入，比员工，肯定比不过你，我觉得我们在大学生创业方面设立出来，让后面创业的人得到学校的支持，我

> 马云语录
>
> 我们坚信一点，新经济也好，旧经济也好，有一样东西，永远不会改变，就是为客户提供实实在在的服务。如果没有有价值的服务，网站是不可能持续发展的。

希望如果有其他模仿我的，或者是学习我的，至少像我这样树立榜样的时候，有人推动他们做。因为我觉得学生创业非常难，没有资金，也没有钱，也没有人才，有的是勇往直前的激情和体力，体力其实也干不了多少事。

马　云：从刚才李书文谈的项目中你学到了什么东西？

钱俊东：我觉得他俩谈了一个是资源的整合，我感觉他用人这块比我成熟一些。

马　云：他们讲到哪个用人方面比你好？

钱俊东：我是市场上驾驭企业的人，我刚好参与的是生产运营，我觉得可以节约很多钱。我现在在想，财务我原来也管，我现在想回去以后把我的生产财务这块，像这两位老大哥一样收编一下。

马　云：你刚才说他公司的员工不一定尽心尽力做，我不同意。你凭什么可以让你的员工尽心尽力做呢？

钱俊东：刚才的话可能说得不对，分众这样的企业，包括像其他的校园，他们的成本比较高，我了解在西北做的是食堂的电视，按人头费交钱，我们不会这样的。我们只会给学校赞助，解决高校的贫困生等等。

马　云：我的问题是分众没有管好，企业经理人不会尽心尽力，你怎么管好你的人，让他比分众的人还努力。

钱俊东：分众的人去高校谈，不是说他不敬业，谈一个高校要花十天的时间，分众有钱了，他们会以给钱的方式，我们会一直非常坚持，我们创业不容易，你给一个机会，我们做成了，我们会给你回报，我们企业比较年轻，现在华东是81年的，北京也是81年的，我觉得从我身上有这种节约成本的意识，包括拼命谈高校，而且我们谈过，知道有什么成果。分众有很多人，毕竟时间很长了，速度很快了，可了解学生和老师想要什么信息，校园里面到底需要什么企业介入，我想他们不如我们了解。

马　云：你到各省市把环节这条线搞定，怎么搞？

钱俊东：我们配合他们，我们做的媒体他们喜欢，比如双语学校也很喜欢这种媒体的形式。

马　云：你说的是学校喜欢，你怎么搞定，你说是一个省搞定教委，一个省搞定一个团委，他们凭什么用你的东西？

钱俊东：首先，每个省，每个教委，也是希望支持年轻人干一点事情。第二，我们会给教委，各个省的组织、团组织提供一些赞助。因为各个省都喜欢这样的，像党组织部是一个特别强势的政府部门，他们也需要外来资金合作一些项目。第三，我们根据目前在陕西、北京的成功模式介绍给他，一般情况下会得到他们的认可。谢谢。

马　云：你给我介绍一下你的团队好不好，你这四十几个人的团队是什么样的？

钱俊东：我们年初开会的时候定了一个基调，去年是奔跑，今年飞得更高。公司不存在什么核心队伍，核心队伍就我一个人。媒体这个行业很特殊，就是这样发展。今年公司一定在年底定出核心团队，今天不好说，不然我的员工听到以后就不好的。

马　云：你这两年觉得最得意的一个制度是什么？奖励制度也好，惩罚制度也好，什么样的制度你觉得最开心、最得意？

钱俊东：我发现我们公司册子和制度经常是三个月必换的，每次开会就非常生气，制度怎么变了又变，包括我们印刷的册子，每次不敢印两千册以上，我们的制度不够完善，是处于成长期，我这个人做事比较有韧劲，定了很多梦想都实现了。我这个人讲话有信用，我没有欺骗他们。

马云点评

钱俊东，小钱让我看到了江南春这样的人。江南春是企业家当中讲话最快的，但是信念想法非常之好，我觉得你的项目确实需要钱，而且这个钱也确实能够让你腾飞起来。但是我看到的是一个生意人，是一个很好的商人，但不是一个企业家。因为我在你身上，没有看到一个制度的力量，一个人才基础建设的东西，所以你可以做大起来，但是你真正做大起来的时候不把人才制度的建设、人才的引进、团队的管理，通过人才拿结果，通过团队拿结果的话，有一天你会很累很累，股东也会因为你的倒塌而全部倒塌。从你讲的话里面看出你是一个非常好，很有天赋的销售人员，你什么都想自己干，这个世界你干不完，这是我的建议。所以把自己定位定好。所谓的股东可能会投前几年钱，后面几年看所有的业务都你做，就不投你钱了。

6. 永远要相信边上的人比你聪明。

《赢在中国》选手简介

张华，男，1972年出生，硕士。

参赛项目

电解水机。通过设计将钙镁钾分解，分解出碱性电解水，可用来消毒杀毒，解决现代人环境污染、家居污染，以及应酬增多而造成的

马云语录

互联网将由“网民”和“网友”时代进入“网商”时代。阿里巴巴有一个使命，那就是要把互联网带入网商时代。

尿酸高、乳酸高包括脂肪酸过高这些现代病。

现场回放

马　云：我们不探讨营养问题，看我的样子就不像营养专家。

张　华：我希望你增加一点营养知识。

马　云：我想问，你实际上卖的是一个设备，那你的核心竞争力是什么，你刚才讲日本做得很好，是因为加工还是你有独特的技术别人做不了。

张　华：分两个方面来谈，一方面虽然日本有70年的历史，但是日本的水本身是非常干净的，再一个日本的地域非常小，所以说他们的产品到了中国以后是非常难的，因为中国水污染特别严重。再一个地域很大，各个地域水质不一样，会造成机器的损害。这个问题实际上是在1996年我就发现了，一直以为是机器的问题，经过六七年研发，在2003年完成了自己的发明专利。解决了产品对于水质的要求问题，这个机器做出来可以用到全世界，减少这个产品在销售上的难度，这首先是一个问题。

除此之外我们在陆续研发过程当中，陆陆续续把电解水方面，包括能够加热，包括能够用于纯净水再矿化电解的各种各样的专利，我们申请下来了13个，其中有两个发明，这样在技术上来讲，我们在国内包括国际上已经处于相对领先的地位。再一个日本曾经有同行来我们这里，因为有一些交流，提到这个问题，我们现在可以供给他们的价格令他们惊奇，因为他们大概需要一万多人民币，而我们低端可以降到3000块钱，无论从市场还是出口都有保证。

马云语录

我们与竞争对手最大的区别就是我们知道他们要做什么，而他们不知道我们想做什么。我们想做什么，没有必要让所有人知道。

马　云：如果我用这个东西要花多少钱？

张　华：您家这个条件我想给您弄一个贵一点的，低端三千多，高端五千多甚至还有八千多的。

马　云：我就搞不清楚，装上这个东西，自来水就可以喝了吗？我现在喝的是娃哈哈、农夫山泉，我算了一下成本，我觉得我还是喝娃哈哈、农夫山泉比较放心一点。

张　华：首先是这样，喝娃哈哈、农夫山泉我不反对，但它是作为出差餐饮补充用水。如果是作为家庭长期生活饮用水，你不可能天天拿娃哈哈做饭，肯定用到自来水。自来水要经过处理，而且经过设备处理的自来水，那么做出18.9升的一大桶大概的成本仅仅是一块多钱，它包括了水、电，还有机器的折旧。

马　云：假如拿到300万元的奖金你打算怎么花？而且对你有用吗？

张　华：是这样的，如果拿到一部分投资，一个是市场的宣传和开发，这是很重要的。一个是在广州建立一个销售的模板店，我们在广州正家广场开了这样的一个店。还有就是说因为电解水机有一个很大的问题，因为它的功能太多，从正面宣传很多人会怀疑，因为它跟国外市场阶段不同，它已经成熟了。所以说在国内我们会突出某一项，比如说痛风这一项，我们会拿它到临床做医疗器械，就这一个卖点单一市场去做，这样人群会更加容易接受。

马　云：痛风一个卖点。这个人（类似于史玉柱这样的营销专家）背景是哪里人？

张　华：原来是做广告的一些人，用尿酸这一条切入市场也是他们提出来的，我们用这个办法来尝试。实际上任何一个企业最强的竞争力是团队，这是第一要素，在这一点来讲我们非常地自豪。因为我们是以研发和专业作为出身的，我们这个团队中还有一位是清华的博士，他有12年的管理经验，他负责我们整个财务，包括人力资源和行政。

马　云：他是学什么专业的？

张　华：他虽然是博士，他下海比较早，他已经有一个非常成功的企业。我们的氛围相对不错，因为倡导健康生活方式，我们开有酒吧，大家谈心。我们总监有八年生产经验，生产方面非常强。这一点我们大家合作得非常愉快。

马　云：他们都有股份吗？

张　华：周博士是有股份的，其他的一些人像生产骨干，有一点点股份。

马　云：你觉得你们整个团队里面最关键的部门除了你这个CEO还有博士以外，你最关注的是哪个部门？

张　华：最关注当然应该是销售，但是对OEM来讲，我们关注点就在于研发和生产。

马　云：你启动的时候资金是多少？

张　华：我11年前是从零开始的。

马　云：到目前为止你说没有贷过款？

张　华：没有。

马云点评

张华特别强，我不希望熊晓鸽来赚你的钱。因为VC不投你可能对你的发展更为有利，VC投你这样的东西，问了一万个听不懂的问题，他当你的股东会累死，我相信你一定会成功，你这个模式我是蛮看好的，我相信这是未来的一个趋势，而且无论从严谨的程度、项目的风险都非常地好。但是另外一个原因不投你，我希望你进人9晋

1，给自己再一个机会展示给全国看，这次一定你自己去做。CEO要把自己的产品用最简单的话告诉全国人民，你才会有机会赢，你自己是这个产品的拥有者，你必须要有自己的思考。我希望9晋1的时候你有更好的更精彩的表现，也许这次没人投你，我相信一定会有人投你，而投你的人会很多。另外我想给你一个建议，我刚才比较欣赏你说你的合作伙伴比你更聪明，我觉得这也是非常好的一个品德，一个领导者和经理人的区别，优秀的领导者善于看到别人的擅长，经理人往往看到别人的短处，永远要相信边上的人比你聪明。一个相信边上的人比你聪明的人，才是真正的智慧者，相信自己比别人聪明麻烦就会来，这是我给你的建议，也是我比较欣赏你的一点。

7. 现在你需要踏踏实实、实实在在跟你一起干的人。

《赢在中国》选手简介

李国锋，男，1972年出生，本科。

参赛项目

无极电机。目标市场是国内外条速电机行业的领域。在申报专利的同时，着重于机床、起重、冶金配套技术的生产，水力和风力发动机是将来的目标。

> **马云语录**
>
> 商场如战场，但商场不是战场，战场上只有你死我才能活，而商场上是你活着，我可以活得更强。

现场回放

马　云：我们放松一点，我不懂技术所以刚好都配得上。你有几个弟弟妹妹呀？

李国锋：我有一个弟弟一个妹妹。

马　云：比你小多少？

李国锋：弟弟比我小两岁，妹妹比我小六岁。

马　云：我很好奇一件事情，你15岁的时候，也就是1987年你带着弟弟妹妹去卖冰棍，赚了17寸的电视机，那时候你弟弟13岁，你妹妹9岁，一台电视机那时候价格估计在800到1000元。

李国锋：470块钱。

马　云：我那时候1987年大学没毕业，1988年毕业工资是88块。你们三个人怎么卖出来的？

李国锋：这样子，我和我弟弟每天清早骑着单车，顶着太阳跑很远的路，每天赚几十块钱，我弟弟可以赚到几十块钱，一根冰棍赚一毛钱，我妹妹在车站里面放点图书，还卖凉茶，一分钱一杯。

吴　鹰：很厉害的，你卖多少钱出来？

李国锋：确实是这样，最后差了几十块钱，是我爸爸用工资给补上的，那个电视机还保存在那里，很有纪念意义。

马　云：我要有这样的弟弟妹妹就好了，9岁就干活。

李国锋：就是这样。穷人的孩子早当家。

马云点评

李国锋，我觉得你今天可能是紧张了，然后也激动了，就没表现好，没把自己的项目说清楚，或者是你还不明白这个行业。因为他一诈唬你就给缩回去了。机遇和机会是两个不一样的东西，我的看法其他不讲，你的行业我也不懂，但是我有一个东西想跟你提醒，你的合作伙伴什么都干过，记者干过，编辑干过，副总也干过，一大堆人，这些人最好别一起合作，尤其超过45岁以后。等你公司到一定规模的时候，他也许是好的合作伙伴，现在你需要踏踏实实、实实在在跟你一起干的人。还有60多岁的设计师很好，有自己的产品，但作为创业者光有激情是不够的。

马云语录

我既要扔鞭炮，又要扔炸弹。扔鞭炮是为了吸引别人的注意，迷惑敌人，扔炸弹才是我真正的目的。不过，我可不会告诉你我什么时候扔鞭炮，什么时候扔炸弹。游戏就是要虚虚实实，这样才开心。如果你在游戏中感到很痛苦，那说明你的玩法选错了。

---

8. 每一笔生意必须挣钱，免费不是一个好策略，它付出的代价会非常大。

《赢在中国》选手简介

刘杨，男，1977年出生，本科，通信工程专业。

参赛项目

建立“3G生活网”手机门户网站，在全国整合几十万商家和千万计的消费者。手机用户可通过网站搜索商家的生活消费信息，并进一步实现预订、优惠折扣、结算、积分消费、地图服务等全方位的生活服务。为签约商家提供包括SMS、MMS、WAP建站、专业论坛、发布促销信息、发行电子优惠券等各种信息化服务。

马云点评

刘杨，我觉得刚才你的那些想法挺不错。3G这个行业大家都看好，但是在做的过程中会有很多细节的东西你可能还没有想清楚，我刚才讲的上市这些想清楚了再说，尤其对VC一定要想清楚了说。另外一个，我觉得你刚才讲的很多的是免费，我的建议是，免费是世界上最昂贵的东西，所以尽量不要免费。等你有了钱以后再考虑免费，千万不要跟VC讲我拿了你的钱去免费，说实话VC都是怕的。你每一笔生意必须挣钱，免费不是一个好策略，它付出的代价会非常大。

马云语录

阿里巴巴的六脉神剑就是阿里巴巴的价值观：诚信、敬业、激情、拥抱变化、团队合作、客户第一。

我可以提出三年免维修，外部知道我有这么多钱可以做到免费，我已经有一定的积累和信用可以免费，但尽量不要一出手就是免费。这个是你要想到的，每一桩生意都得有钱赚。对周瑾这不是一个同情，尽管我这么看，这个项目本身风险非常之大。如果说纯粹投钱的话还不敢投，如果是一个非赢利机构帮助落后地区进行再教育培训，我本人很愿意投这个钱，但是如果说要赢利，我觉得希望就不是太大。

9. 领导力在顺境的时候，每个人都能出来，只有在逆境的时候才是真正的领导力。

《赢在中国》选手简介

钱俊东，男，27岁，本科。

参赛项目

打造中国高校第一传媒，建立各种丰富的校园媒体。在高校开发相关文化产业，整合高校资源，打造一个新的模式。

马云点评

领导力在顺境的时候，每个人都能出来，只有在逆境的时候才是真正的领导力。在逆境的时候有人说，我愿意承担责任，我应该采取措施，我们应该做这、做那，我关注到红队做得非常好，每时每刻盯着对手，你们前期进行得非常顺利。在顺利的时候，一定要想到逆境的时候，永远要把对手想得非常强大，哪怕非常弱小，你也要把他想得非常强大。商界犯错误经常会出现的几个情况就是看不见、看不起，看不懂、跟不上。首先，对手在哪儿都找不到，第二我根本看不起这些人，第三我看不懂他们怎么起来的，最后是根本跟不上别人。我觉得你们这个团队刚好犯了这些错误，你们觉得对手不如你们，你们觉得你们对市场很了解，对客户很了解，但事实上，你们讲得很对，输在轻敌上面，我觉得今后大家一定要注意。所以对5号队友（夏霓）我想讲，你比较以自我为中心，你作为领导者应该以别人为中心，以客户为中心，但不能说我做的这些都是对的，别人可能都是错的。对1号选手（韩小兵），当时牛总讲得非常好，你有没有想过为什么团队很多人都没有把你当做一回事情。别人讲的时候，很少人会提到你，因为他们会觉得有你没你一个样，重要的是你要问自己能够创造什么独特价值，在这个团队里面你能为别人贡献什么，因为从上一场比赛到目前为止，我们都在看，都在关

马云语录

很多不可能的事情，如果倒立看可以变成可能。

马云语录

孙正义跟我有同一个观点，三流的点子加上一流的执行水平，要比一流的点子加上三流的执行水平更重要。

注着你，我想问你到底能够为团队创造什么价值，你什么时候能够承担起领导的职责，所以我觉得，今天该下去的还是9号（钱俊东），9号选手其实我是觉得你本来是我们10个选手里面可能最具希望进入前5名的人，当然我又突然回忆起，史玉柱在点评你说，有一天你会众叛亲离，与其将来有，还不如今天有，你现在还很年轻，今天不是因为你承担责任而让你下去，而是因为你是队长，在整个战略、实施、执行、团队这一切过程中，你犯了很多错误，尽管可能别人都不对，有各种各样的问题，但我觉得作为队长你应该离开，而且我希望你永远记住今天的教训，别放弃。我发现很多人是愿意承认错误，但不愿承担责任，而恰恰承担责任会赢得很多的尊重。

10. 有时候死扛下去总是会有机会的。

《赢在中国》选手简介

黄加阳，男，1980年出生，本科，物理专业。

参赛项目

> **马云语录**
>
> 任何企业家不会等到环境好了以后再做任何工作，企业家是在现有的环境下，改善这个环境，光投诉、光抱怨有什么用呢？今天，失败只能怪你自己，要么大家都失败，现在有人成功了，而你失败了，就只能怪自己。就是一句话，哪怕你运气不好，也是你不对。

建立一个线上线下互动的交友社区：线上提供面向18—25岁年轻用户的交友娱乐社区（目标50万活跃用户），线下建立一个涵盖全国20个主要城市的酒吧联盟（目标500个酒吧）。将线上用户有效地引导到线下消费，通过联盟酒吧获得利润。

现场回放

马　云：你的同时在线是1万人，在交友里面排前十位，前面九位为什么不做？QQ如果做会怎么样？

黄加阳：QQ不会对我们构成威胁，它的上座率高于我们，我们就做线上，QQ利用线上体系获得很大的收入，酒吧这一块相对来说是比较狭隘的市场，QQ花大量精力来做的话，整个方向就变了，它不至于跟我们形成竞争关系。

马　云：它确实不会看到利润，如果全国500个酒吧，全挂上QQ两个字，免费做品牌也挺好，就可以把你杀掉。

黄加阳：他们没发现之前，我就开了。

马　云：你贴出来就已经做起来了？

黄加阳：我们在北京做了试点，两个城市基本上达到了我们预计的份额。

马　云：北京做得好，怎么好法？

黄加阳：北京有十家酒吧，有两家跟我们长期签约，每家给我们带来月费30000块钱左右，一个15000左右。那么上海也在开始进行，现在刚刚开始，有足够资金可以铺开。

马　云：一家两家做得很成功很容易，你这个东西想复制500家，你有什么方法？

黄加阳：如果能够复制，实际上是一个产能的问题，我们可以输送人员到酒吧当做我们的产能，我们算过产能能够达到，现在我们的线上1万人左右，一个月有200万到300万人次访问我们的网站，如果达成第一年目标只需要在一个城市，需要6万人次就可以了，50个人里面有一个愿意去消费，我们的目标就达到了。

马　云：你的注册会员是200万，在线客户是1万人，活跃用户是多少？

黄加阳：大概是在20万左右，一个月。

马　云：你现在就算20万活跃用户，你怎么能把他们吸引去酒吧，茶馆也挺好，饭店也挺好，干吗去酒吧？

黄加阳：我们做过调查，在我们用户群里面做了调查，我们问他交友选择什么地方，提出了包括酒吧、公园、电影院、茶馆等，对于年轻人来说酒吧更适合他们，比例是17%。

马　云：我见过酒吧里面17—25岁的人喝了5块钱的酒，还希望拿点便宜的东西，你怎么说服我这样的老板。

马云语录

有时去执行一个错误的决定总比优柔寡断或者没有决定要好得多。

黄加阳：不知道您熟悉不熟悉这个群体，我经常跟他们在一块玩，能够了解到他们的一些心态，有两种方式，他们交友很想见面，见面过程中顾及面子愿意掏钱，另外里面如果有一两个人，他们愿意做东，那整个就解决了。

马　云：我暂且相信一些。

黄加阳：我还有别的方法吸引他们。

马　云：还有一个问题，你说你目标的酒吧群上座率是20%，这个酒吧一般是千年等一回，来了一个狠狠杀一把，第二次就没了。

黄加阳：我们要筛选，保证联盟体系正常进行下去，我们对酒吧加盟有严格筛选制度，有排他性的协议和赔偿性的协议，就是说收费标准不能高于平均水平，本来上座率就低，我们要保证上座率在收费上达到一定的水平。

马　云：你怎么知道收费高，"携程"碰到很多的麻烦，很多宾馆不愿意和他们合作，你收5块，可以监督他们吗？

黄加阳：通过每个月对他们的绩效考核，线上线下联动，投诉很快在线上反映出来，下次把他踢出我们的联盟。

马　云：谢谢。

马云点评

我想把真实的想法做个交流，我觉得小黄你的模式还是有一些问题，如果倒过来做可能都做成功。我觉得你创业激情七年坚持下来，同时在线1万人，已经有200万，我觉得值得做下去，所以也不要放弃，有时候死扛下去总是会有机会的。

11. 别人可以拷贝我的模式，不能拷贝我的苦难，不能拷贝我不断往前的激情。

《赢在中国》选手简介

夏霓，女，1973年出生，本科，设计艺术专业。

参赛项目

同人馆——动漫主题超市，引进代理、销售国际知名动漫产品，设计、研发、生产自主动漫品牌衍生产品，以全国连锁方式进入大型商场、超市。

现场回放

马　云：2003年咖啡店遭受到挫折，什么原因？

夏　霓：是一个人类的灾难。

马　云：是“非典”？

夏　霓：是“非典”，我们关了12家店。

马　云：为什么星巴克没有关你关了？

夏　霓：我们跟星巴克是两类经营模式。

马　云：你反思为什么关了？

夏　霓：一个是管理上的问题。

马　云：管理上什么问题？

夏　霓：我们在心理上还没有做好一个大型的连锁店准备的时候已经开了12家店，这是很主要的问题。第二点我们的经营模式和星巴克不一样，我们是代理咖啡豆原料销售，销售给办公室，销售给家庭，来我们店喝咖啡是免费的。

马　云：你那时候怎么没告诉我。没做好还有其他什么原因？

夏　霓：还有一个是，这也是我们这些年来有收获的，就是在2003年之前我是做得比较多，说得比较多，听得比较少。像“非典”的预测那样，当时就没有关注到，我们一直在关注我们的事业、热情、激情，当时最

马云语录

可能一个人说你不服气，两个人说你不服气，很多人在说的时候，你要反省，一定是自己出了一些问题。

远的店都开到乌鲁木齐了，有浙江，有南方，特别想在一年以内开到100家。

马　云：在动漫城我们可能看到的灾难是什么，将来五年之后，也可能来一个什么灾难，你有没有预测什么灾难会让你不行了？

夏　霓：我没有考虑过，一个我觉得是产业的发展，我并不只是在卖产品，我们是有很多核心的文化在里面的，动漫产业它跟玩具最大的不同是因为它有长期以来支持人类文化需求的动画片，一些漫画书，它里面有很多的英雄人物，会有很多的漫画形象。

马　云：咖啡店你开的时候没有想到会有资金的问题？

夏　霓：是资金的问题。

马　云：又要开第二个连锁店。

夏　霓：我们拖延了五个月的发展，我们的库存非常大。

马　云：1200平方米店的钱。

夏　霓：我不花一分钱。

马　云：谁给你这个钱，你怎么做？

夏　霓：是这样，2003年我把我的车卖掉了，卖了10万块钱。我拿着这10万块钱，用我们所有的团队，我们团队50%以上是策划和设计，我本身也是策划设计，在最快的时间内，只有一个半月进行了所有的广告宣传、营销，包括招商。

史玉柱：你的副总拿多少钱？

> **马云语录**
>
> 我最喜欢的是出手无招的人，真正有招数的人不是高手，创新就是把棍法糅和在刀法里面，把刀法糅和在鞭法里面。

夏　霓：没有副总。

史玉柱：你的助手。

夏　霓：每个月4500。

马　云：一年下来6万。

夏　霓：是这样的，在我们整个公司运营的过程中，从2003年以后到现在很长一段时间是在为发工资而赚钱，当然我说的卖掉车的10万块钱不是说我手里只有10万块钱，是因为用10万块钱运营动漫城的项目。

马　云：都是创业人员。

夏　霓：50%。

马　云：还是挺贵的。

夏　霓：我们团队与众不同的地方就在于很多人来这里付出的比他得到的少很多。他就是喜欢动漫才来的，付出的比得到的多很多。他要的薪酬非常少，非常之少。

马　云：为什么？

夏　霓：80后的居多，差不多都是大学刚毕业，我们公司最欢迎大学生，还有实习生、应届毕业生，我们需要吸取他们更多的新奇的一些创意。

马　云：你客户的年龄大概是多少？

夏　霓：客户年龄都很大，客户都是运营商，像迪斯尼、像魔兽，我们跟他们谈，他们的产品进入到我这里就行了。

马　云：我想问一下你刚才讲的，做得多，讲得多，听得少，你以前做什么多，你现在讲得也蛮多的，你以前做多了什么，说多了什么，现在听得少，听什么东西听的要多一点？

夏　霓：我生长在温州，很小就对这个商业气氛很喜欢。我在做任何一个事情的时候，我都是亲自去尝试，我在想如果连我都不喜欢这个东西，肯定不被别人所认可。我觉得我具备一个比较强的和人沟通的能力，我能很好地说服客户，他能按照我的想法来跟我合作，这是第二点。第三点就是我从1998年就开始创业了，2000年注册了自己的公司，到现在已经七年的时间了。在这个期间内，可能刚开始太顺了，每个顺利都是按我的方式成功了，那我就对接受外界的信息相对有一些排斥，这可能在每个创业者身上都是能看到的。所以包括像开分店这样的决定，如果按现在我的性格来说，我可能很早就开始调查，可是我当时相信了一个风水师，说你在最东边这个地方，在这个门面上一定会有发展，但是我们家很多人在提醒要做好这个市场调查，因为在工体北，这个地方有很多老外，有很多这样的需求，实际上我发现老外来消费是很苛刻的，来我们这里买一瓶啤酒要跟你砍价，所以不是一个高消费的地方，是品牌和差异化竞争最激烈的地方。所以我当时根本不听人家劝。

马云点评

我觉得你这个项目很好，这是未来的趋势。我想大家刚才问你的核心竞争力，其实没有什么忌讳的，你们公司的核心竞争力就是你和你的团队，不要有什么难为情，别人问我最早阿里巴巴竞争力是什么，别人可以拷贝我的模式，不能拷贝我的苦难，不能拷贝我不断往前的激情，这个东西你一定要记住，这是你的核心竞争力。当然再好的创意背后必须要有制度、人才去支撑。如果没有制度、人才、执行力支撑的创意就只能够是一个故事，没有用，所以这是我的一个想法。第二个想法，我把自已2003年的问题想透，中国很多创业者一开始想做得很大，越想越大，连锁店一个接着一个开，上次我给一个选手提少开店开好店，别急着做大，做好做强会变大，迅速做大反而会落到迅速做大的陷阱里面去。再一个，我想一个优秀的 CEO 和领导者，在给员工展示未来美好前景的时候，一定要给他们展示未来的灾难是什么，想清楚未来的灾难你才能度过未来的灾难，没想清楚天天想好的，一般就会再度关门。刚才史总讲的我非常同意，员工可以说不拿工资，但是你必须给他们考虑到工资收入，利益是你作为 CEO 要给员工的第一要素，它在过程中会很开心。

12. 80年代的人还需要摔打，不管做任何事，要检查主观原因。

《赢在中国》选手简介

薛浩岩，男，1980年出生，本科。

参赛项目

“IUTV企业网络视频广告自助平台”，通过网站为企业提供技术转换和存储服务，让企业自行制作和发布自己的视频广告。

现场回放

马　云：我提出一个问题，你毕业到现在为止，三年以内包括你现在做的这是第四家公司？

薛浩岩：是的。

马　云：第一家公司是深圳华然，第二家是点击科技，第三家是深圳爱游。每一次放弃是业绩压力太大，战略调整，加入点击科技是因为赢利模式暂时搁浅，你简历上面讲是找不到赢利模式。

薛浩岩：您看错了，中间是工作经历，下面是创业经历。

马　云：工作的时候搞了一个爱游旅游网玩一玩？

薛浩岩：对。

马　云：你怎么能让我们相信你不会再搞一个公司，再放弃？

薛浩岩：其实是这样，我更正一下时间，我2002年毕业到现在，我服务公司准确来讲是三个，第一是这里面提到的网络公司，只是做互联网方面的域名包括推广，我离开的原因是因为我喜欢深圳，他在深圳分公司进行裁员，我被迫出来了。华然公司是我自已的，是做点击科技代理商，市场策略调整，非常小的代理商被迫在市场上退出，没有办法。由于我们业绩突出，我们产品一年过程中积累了很多销售经验，我们公司核心团队三个人，被北京点击科技收编。

马云语录

很聪明的人需要一个傻瓜去领导，团队里都是科学家的时候，叫农民当领导是最好的，因为思考方向不一样，从不同的角度着手往往就会赢。

马　云：你这个简历我看得很清楚。不管怎么样，我觉得你们放弃过。小公司成立的时候，有各种业绩压力。所以我想问的问题是，我们怎么能保证你这家公司因有业绩缘故，不管什么缘故你说不行了，又要改？

薛浩岩：这不会了。从两个角度来讲，一个客观因素一个主观因素，前两次创业失败，有市场方面的原因，这是客观因素。现在无论市场和渠道都已经开拓起来，看到行业项目潜在能力，这是第一个客观因素。主观因素：前两次放弃我有一定被迫原因，这一次也是“奔三”老大不小，包括我们对项目评估，我们团队重新回归到创业团队里面来，我相信自己这一次无论是选择项目还是方向都是没有问题的。

马　云：我发现2005年、2006年你在北京点击科技加入了三个人，加入北京科技后，在工作之余你创办了爱游导向网，你觉得员工在上班的时候，再另外做一个网站，如果你是老板你怎么觉得？今后你的员工另外创业，创得成功自己干，创不成功继续在你这儿，你是员工你怎么看，你是王志东你怎么看？

薛浩岩：从员工来讲，我在这方面应该跟老板道歉，但并不违反职业操守和规则。本身从工作者来讲我在尽职尽责完成北京点击科技交给我的任务。第二强调工作之余，网站您是知道的，特别是土豆那样的网站，不需要花费太多精力，这也是我们团队由三个人变成四个人，招进一个人他全天盯着，另外三个人星期天看一下，晚上操作一下看改进意见，并没有占用我的工作时间，可以把它理解成一个爱好。

马　云：什么叫尽心尽责工作？点击科技没有成功，王志东会怎么看这个问题？如果你是我的员工，我一定把你给开了，要么做好这个，要么做那个，在公司里面再做一个，你觉得王志东会怎么看？

薛浩岩：我要求他能够不耽误本职工作，这一定会。再一个我这点和其他创业者不同，如果这个人是核心成员，在完成本职工作以外，这个东西做成了，通过资源来帮助他、鼓励他做这个事情。前提是一定把我们工作完成，这是要确定的。

马　云：你如何保证投资者投了你的公司以后，觉得不灵再搞另外的公司，再跟投资者讲又有新的主意，这种事情不会发生吗？

薛浩岩：这对每一个人来讲都不是很确定，不可能在这边说不能就一定不能，或者说能就一定能。这次选择是基于所有创业经验和成功经验，做出决断。我们现在项目运作受到客户和地方合作伙伴认可，所以我们坚持，包括我们团队也是一样，我们坚持沿着这条路走下去，让行动来证明。

马　云：你会还是不会？

薛浩岩：我愿意，我不会改变。

马　云：你不会再另外做一个公司？

薛浩岩：我不会再做，我对所有的公众做出承诺。

马　云：最后这个问题，牌照你怎么解决？这样的业务在中国可能要申请牌照，在网上播放有独特牌照，你怎么解决牌照问题？

薛浩岩：在我理解应该需要，但是我咨询了一些相关人员，这是不需要注册牌照的，它是弹出式网络广告而已。

马云点评

薛浩岩很聪明，他讲得非常对，中小型企业非常难做的是市场，一旦做起来就非常大，我感觉你的心太活。我要代表王志东开除你一次，不会投你的票。我建议你三年以内老老实实把这个企业做下去，

马云语录

有业绩没团队合作精神的，是“野狗”；和事佬、老好人但没有业绩的，可以定义为“小白兔”；有业绩也有团队精神的，是猎犬。

老板怎样，员工就怎样，在一个公司里面必须全力做一个公司，赢得老板的信任和员工的信任，你要为此付出代价。因为你还年轻，80年代的人还需要摔打，不管做任何事，要检查主观原因。

13. 做小了，一定要做到独特。

《赢在中国》选手简介

李小霞，女，1974年出生，硕士学历。

参赛项目

五八特价网，是一个专业广告门户网站，它的信息致力于特价打折促销商品信息发布，将商家打折销售与消费者紧密联系在一起。

现场回放

马　云：我觉得你还是市场做得不错，刚才前面120秒讲整个项目宣传，我现在给你一分钟时间，跟我讲商业模式。

李小霞：五八特价网我们定位为商超导购网，通过大量市场调研，不剥夺他们在逛街时的感受，也就是我是一个购物通。外地朋友到北京来找小霞，想知道北京什么地方可买牛仔裤，这就可通过友情软性搜索把信息给客户，作为关键词推荐，我可能会推荐一些皮带，会推荐一些运动裤等相关产品给他，我们提供关联产品广告服务。我们常规化产品收入也就是会员广告收入，这是几大块。

> 马云语录
>
> 如何把每一个人的才华真正地发挥作用，这就像拉车，如果有的人往这儿拉，有的人往那儿拉，互相之间自己给自己先乱掉了。我在公司里的作用就像水泥，把许多优秀的人才粘合起来，使他们力气往一个地方使。

马　云：你赚钱主要靠会员费，你有500万拿来干什么？

李小霞：如果有500万投资，大概55%以上费用会投入广告、研发，另外20%到30%投入人员和研发。

马　云：目前是多少？

李小霞：10000块钱左右，1月份到现在。还有户外广告带来潜在现金流。

马　云：10000块钱是什么人给你的，进来买家的会员费？

李小霞：目前会员是免费的，我们收的是广告费，有一家S100在我们这儿打了一个首页的广告。

熊晓鸽：你有400客户吗？

李小霞：是试用客户。第一阶段积累商家，第二阶段发展消费者。

马　云：网站访问量多少？

李小霞：不到5000，4000多。

马　云：每天多少？

李小霞：PV(IP地址访问量)值不到50000。

马　云：几台服务器在走？

李小霞：一台。

马　云：安全诚信怎么办？

李小霞：我们没有，主要是导购。

马云点评

李小霞，我在电视上看到你的采访，看了你的博客，我对你的希望还是蛮大，我希望真正了解你这个项目从去年到今年有多大进步，我觉得你很自信，讲话很得体，非常勤奋和努力，投入也非常大，但是在商业模式上，我们今天确实没有看出什么东西，我刚才问的商业模式，你没有回答清楚，某种程度来讲就是没有明确的商业模式，尽管时间太短，其实可以说得清楚。另外一个，你这个项目现在比较小，1万块钱收入，任何风险投资给你都会灾难很大，对投资者不好，对你也不好，你建网站打折不是没有市场，一定有市场，但这也是充满红海的市场，你做大会碰到像淘宝网这样的竞争者，做小了，一定要做到独特，所以我觉得路很长，再坚持一下我觉得你这种毅力、自信，我感觉来讲，你更像市场的推广者，是做市场推广的头，我在你身上还没有看到创业者所需要的管理、制度、体制的建设，当然这需要时间，在这个一年过渡以内，我希望你更加努力。

14. 不去想清楚就会变成一个包袱，一定要花时间去想。

《赢在中国》选手简介

叶杰辉，男，中专。

参赛项目

运动超市，打造一个提供运动休闲项目供需平台的网络服务品牌，整合全国各类运动项目资源，让消费者更高效便捷从中获得信息及服务。

现场回放

马　云：我听了，我一直在算你的市场有多大，你刚才告诉我这个市场在广州有1000万人次。

叶杰辉：每年。

马　云：广州有120个场馆是吧？

叶杰辉：120个球馆，超过1000块的羽毛球场。

马　云：你有没有算过所有场馆、片场全部通过你订，营业额是多少？

叶杰辉：一个场馆一年营业额在150万到170万左右，120个场馆总加起来差不多两个亿，一个多亿，但还有很多场馆没有纳入进去，还有公司、学校里面的，还有社区楼盘里面的会所我没有纳进去，只是商业对外运营的场馆才算里面。

马　云：你估计每个人要花30块钱？

叶杰辉：这是广州市统计局的一个数据，不是我说的。经常打羽毛球的人数有40万，他们每个星期差不多打两次，每次两小时，这叫羽毛球运动人口。也是广州市体育局公布的数据。

马　云：收多少钱？

叶杰辉：我的会员目标不是很多，我估算在一年内达到三四万会员。

马　云：三四万？

叶杰辉：三到四万会员，每个会员每个星期打一次羽毛球，一月下来有140块钱。

马　云：每个会员收多少钱？

叶杰辉：30块钱，我从中收服务费20%。

马　云：30块钱的20%。

熊晓鸽：6块钱。

叶杰辉：对。

马云语录

原来做得越好的人才，到你的公司越容易出问题。这就好比拖拉机里装了一个波音747发动机，会把你的企业带坏的。

马　云：6块钱，4万。

> 马云语录
>
> **适合的岗位要选择适合的人才。千万不能错位，错位之后成本太大。**

叶杰辉：数量多，一年下来数量很大。

马　云：这个项目什么时候开始？

叶杰辉：现在做准备，从开始做羽毛球馆，因为网上和电话订场超过六成，都是打电话，买会员卡订场。现在设订做加盟场馆，我目标设定在30%，我把这个目标降低了一半。

马　云：收入多少？

叶杰辉：半年达到30%的目标，我可以做到，一年下来800多万的收入。

马　云：800多万收入。

叶杰辉：我从中大概有170多万的毛利收入，我从里面拿到20%作为羽毛球资源的兑换，请一些知名的羽毛球手来跟会员打，可能会有130多万的利润收入。

马　云：这是场馆收入还是别的？

叶杰辉：全是网上的收入，那个球馆我是作为管理者。

马　云：你怎么招收这些会员？

叶杰辉：我在管理羽毛球市场时，管理场馆时，开发了一套产品，或者说我有营销团队管理，我可以让他们到每个场馆，每个羽毛球场馆里做推介，之前我做过一个调查，找到10家球馆，大概1000人的市场问卷调查，如果说我有一个会员卡，他在广州可以订超过30个羽毛球场以上，他只给100块钱或者不给钱，拿到卡，他愿不愿意，超过八成的人愿意。

马　云：你怎么知道市场的存在，你怎么开发？是让无数销售人员去跑吗？

叶杰辉：他们免费发行会员卡，订场就上我的网，就要激活，就要存钱，才能订到，有了订金就可以帮他订场，他就可以去销售，产生收益。电话订完场没有人空场的情况。

马　云：你初中毕业，中专念一年以后退学了，你好学表现在哪里？

叶杰辉：这些年我都做跟运动有关的项目，曾经做过保险，我做保险的目的就是提升营销团队的管理能力。还有我这辈人不太用电脑。

马　云：你这辈人，你多大？

叶杰辉：在我的同学里面，他们不经常用电脑，不是不会用电脑，他们不会用电脑在网上办事，或者采用网上服务，我在这方面应用比较到位。我是36强里面比较大的。

马　云：你们卖会员卡很重要的是一个续签率，今年买了，第二年会继续续签，你估计续签率多少？

叶杰辉：我们续签的保有率是70%。我在参加《赢在中国》之前，我在北京上了管理课程，他们30%就是很合格的。最重要的是服务。

马　云：大部分会馆、会员这些体育项目，我都是被人忽悠进去，没加入会员我都会去，但是加入会员打死都不会去，你怎么续签？

叶杰辉：还是没有做好需求点。我们卖的健身卡，30块钱不需要续签，来打就产生费用，那个卡不用服务，用我的服务才给钱，不用提前给钱。

马云点评

叶杰辉，我觉得你人很实在，我觉得你经历了17年的痛苦，刚才史玉柱讲的我非常同意，这是一个很大的财富，不去想清楚就会变成一个包袱，一定要花时间去想。其实很多时候成功的原因有千千万万很难学习，但失败原因都差不多，17年走下来都是这个项目，一定对自己没有想清楚，没有想透。这个项目我的感觉项目不是很吸引人，但是我很欣赏你的学习能力，其实我自己读书读得不是很多，创业者最好的大学就是社会大学。我发现学位越高、学校名气越大，好像都不是很灵。所以我是给你这个建议，初中生也挺好，关键是我们在社会创业大学学的东西比别人更多，但是学习一定要总结，不总结也不行。

15. 人永远不要忘记自己第一天的梦想，你的梦想是世界上最伟大的事情，就是帮助别人成功。

《赢在中国》选手简介

陈伟，男，工商管理硕士。

参赛项目

社区美鞋连锁店，解决弱势群体就业及创业的基础上建设以企业为核心的美鞋连锁店。

现场回放

马　云：你的故事听起来蛮好，我也很感动。但是我就问一些问题，也许是错的，但我还想问，你这么一个大册子，很多照片都是媒体报道，第一页是世界上最伟大的事就是帮助别人，世界上最伟大的人就是帮助别人成功的人，但你为什么从一开始帮助别人赚钱，变成自己想赚钱，干这个事情的主要目的就是不赚钱，这个道理矛盾在哪里？

陈　伟：没有矛盾，我现在这样做我会推动更多下岗工人，帮助他们赚钱。

马　云：你的计划并不是下岗工人，所有计划是残疾人，怎么残疾人变成下岗工人？

陈　伟：我有一个范围是弱势群体，包括下岗工人，包括残障人士，包括其他人。

马　云：你有没有觉得这是迎合媒体？

陈　伟：没有，跟媒体没有关系。

马　云：团队介绍一下。

马云语录

当你有一个傻瓜时，你会很痛苦；你有50个傻瓜是最幸福的，吃饭、睡觉、上厕所排着队去的；你有一个聪明人时很带劲，你有50个聪明人实际上是最痛苦的，谁都不服谁。

陈　伟：6个核心人员，一个是我的总经理。

马　云：一个是总经理，你是干什么的？

陈　伟：不好意思，我是老板。因为我没有管理能力，我只能请更高素质的人来管理。

马　云：还有？

陈　伟：教育部经理。这个非常重要，教育部里面有技术，最重要就是在技术里面。

马　云：第三呢？

陈　伟：第三是加盟连锁事业部的经理。

马　云：加盟连锁事业部？

陈　伟：对，这是专门管理下面连锁店的，还有财务经理。

马　云：还有呢？

陈　伟：还有招商部的总监。

马　云：招商部和加盟连锁事业部有什么区别？

陈　伟：两个概念，我们经常说我们其实是两手抓，一手抓招商，一手抓维护。

马　云：第六个部门呢？

陈　伟：人力资源部经理。

马　云：负责你自己的人还是外面的人？

陈　伟：也有外面的人，我们这个比较复杂，很多加盟商他们没有人，他们需要我们招人。

马　云：人力资源部有多少人？

陈　伟：4个人。

马　云：你要替你自己招人，替外面招人，总共4个人。

陈　伟：是的。

马　云：你整个公司6个人是核心团队，总共多少人？

陈　伟：总共67个人。

马　云：你现在这个团队最缺的是什么？

陈　伟：最缺的是钱。

马　云：团队里面缺哪块业务，哪块业务弱一点？

陈　伟：如果缺就是ERP(企业资源规划)管理系统，我们缺这一块。

马　云：我的问题是6个所谓很重要的部门，你觉得哪个部门需要更好地提高一下。

陈　伟：加盟连锁。

马　云：它需要提高什么东西？

陈　伟：需要提高的就是，原来跟别

马云语录

今天的阿里巴巴，我们不希望用精英团队。如果只是精英们在一起肯定做不好事情。我们都是平凡的人，平凡的人在一起做一些不平凡的事，这就是团队精神。我们每个人都欣赏团队，这样才行。

人管理维护，现在要我们自己管理这么多的店，所以下面有很多团队要去管理，包括对ERP(企业资源规划)的运用，包括对店里细节的东西。

马云语录

互联网业务是需要所有人齐心协力打出来的，没有人可以在互联网公司按部就班，互联网公司需要跨部门的配合，要靠团队力量。

马　云：好。你刚才讲，我还是想知道你伟大的社会责任感跟自己想赚钱，你说没有什么区别，你给我讲一讲，为什么没有区别？

陈　伟：这句话我可以解释一下，这句话是我们企业的理念，最早的时候我们非常艰辛创业，没有钱，确实有很多朋友他们伸出援助之手，包括媒体对我们报道以后我们开始做加盟，在这个过程中我们感受到当别人帮助我们的时候，我们经常把它放到脑海里嘴上讲，这个人帮了我们，我们要感激他。慢慢地我们觉得这个人在我们心目中很伟大，帮助别人的事情是件最好的事情。

马　云：这句话没错，怎么到后来觉得钱赚得不够，别人得帮我？

陈　伟：帮助别人的核心是帮助别人创业、就业，我现在做这套模式是和原来的模式一样的，现在同样帮助别人创业、就业，唯一不同就是我们占了大部分股份，其他人占了小部分，但是我们加盟连锁这块还会继续做下去。

马　云：你十年只做一件事情，我发现你五六年就干了七八个工作。

陈　伟：我不知道您怎么理解我的经历，我从事的工作不多，工作分三个阶段。第一个阶段应该是在18岁到20岁这三年时间，这三年时间是从农村出来，一个热血青年，然后去从事非常卑微的工作，比如修马路、修高速公路、打山洞、放炮、抬石头。慢慢做餐饮服务人员，都是很低下的工作，包括我承包果园等等，这些是我最初接触社会的一个阶段，我会去做不同的工作，我总是觉得这些东西好像都不适合我，所以我不停地换，三年内我换了很多工作，这是第一个阶段。第二个阶段就是来北京，来北京以后除了前期做了一些搬运工，做了一些服务员工作以后，我后来都是做房地产中介服务，但是后来失败了。现在是一个阶段，也就是2002年开始到现在，到未来，是我的另一个阶段，也是我创业的阶段。

马　云：你换了不少公司，当过副总经理，当过培训的讲师，你把最苦的讲了出来，最美好的没有讲出来。你觉得洗鞋技术，主要有哪些技术，你要让他们干这个活，主要技术是什么，技术含量是什么？

陈　伟：技术是这样，我们开发了一台洗鞋机，主要用洗鞋机来洗。

马　云：主要不是人来洗，这个人技术不会提高？

陈　伟：对。

马　云：确实有人跟我说，他在全国开1000个理发店，只要交2万块钱，可以教别人怎么理发，市场极其之大，含技术，你说哪个项目更好？

陈　伟：当然是我这个。

马　去：为什么？

陈　伟：这是一个很新的行业，慢慢摸索到现在，在这个行业里面陈伟代表着美鞋，这是从我个人角度来说。理发现在大街上都有，大街上理发店非常多，但是修鞋店很少。

马　云：你怎么保证在广州，你觉得广州这个市场，多少鞋店是比较饱满的，你在招商广告上说不要盲目跟从，广州这个市场开多少店？

陈　伟：最低1000个店。

马　云：5000个店准备开在哪些城市？

陈　伟：我在北京、上海都开了自己的办事处，这是在为未来做铺垫，我首先选择四个城市，这是我当初的计划，但是真正在哪里开店，必须等到100个店，9月份之前实验好之后会考虑。

马　云：怎么保证在广州有1000家店每月得有两三千块钱的收入？

陈　伟：我想问您今天擦鞋了吗？

马云语录

判断一个人、一个公司是不是优秀，不要看他是不是有很多哈佛或者斯坦福等名牌大学的毕业生，而要看这帮人是不是发疯一样干活，看他们每天下班是不是笑眯眯地回家。

马　云：我不需要，我自已擦，擦鞋是有乐趣的。

陈　伟：每个人都有您这样的擦鞋意识，这个行业会做得更好。每个人不一定都要自己擦鞋，广州有将近1500万人口，三分之一的人消费，我要说的是每个人都有鞋，每个人都穿鞋，每个人的鞋子都需要服务，取三分之一，也就是500万，每天一个店最大接受能力是300个人，不可能接受那么多，如果按照这样去计算，推回去1000个店才能满足300个人一天的消费和服务。所以最低可以开1000个店。还有一个依据，就是我们洗衣店这是一个概论，我们洗衣店有多少，我们洗鞋店就可以开多少。

马云语录

用价值观来统一思想，通过统一思想来影响每一个人的行为，最后形成合力。

马　云：我还有问题，员工价值观，你讲讲公司员工价值观。

陈　伟：以服务为依托……

马　云：企业价值观呢？

陈　伟：以社会认知度认同社会认可度。

马　云：员工价值观和企业价值观有什么不同？

陈　伟：员工是我与你之间的。

马　云：像励志、成功学，弄了很多课，你是不是听过很多这样的课？

陈　伟：我听过非常多这样的课。

马　云：你觉得这些东西有帮助？

陈　伟：不知道有帮助，但是有很多潜意识的力量，当我意识到这样做可以，我一定会做。

马　云：我有一个问题，陈伟，你说你创业借了2万块钱是什么时候？

陈　伟：2002年9月24日。

马　云：你营业执照是301万注册资本，这是2001年11月11日。

陈　伟：2003年5月14日。

马　云：已经从2万到301万注册资本。

陈　伟：应该说到目前有三个阶段：第一是个体户阶段，开第一家店；第二是2003年5月14日办了广州黑亮鞋业有限公司，注册50万；2004年底更换了执照，到301万做连锁，写的记录是2003年注册50万公司那个。

马云点评

今天结果比较戏剧性一些，我可能讲话会比较重，我相信走到《赢在中国》的人需要的不是鼓励，而是真话，大家听了以后我把我真实的想法跟大家讲。陈伟，我看好你的项目，但我看不清你的人。你这个项目不错，中国需要这样的创业项目，我们需要这样一个残疾人、弱势群体有这

马云语录

不要让你的同事为你干活，而要让他们为自己的目标干活。团结在一个共同的目标下面，要比团结在一个企业家底下容易得多。所以首先要说服大家认同共同的理想，而不是让大家来为你干活。

马云语录

三年以前我送一个同事去读 MBA，我跟他说，如果毕业以后你忘了所学的东西，那你已经毕业了。如果你天天还想着所学的东西，那你就还没有毕业。学习 MBA 的知识，但要跳出 MBA 的局限。

样一个工作，而且这个创意本身我觉得可操作性都很强，所以我是投这个项目，但我对你的人没有看清楚。我非常钦佩你的是，你能把企业价值观、员工价值观都能够背出来，唱歌自己也能唱，这说明你是真心相信这些东西，这是好的事情。但是你太在乎别人对你的看法，太在乎自己的包装，你给的资料上面虚的东西太多，还有报纸，人不能沉浸在自己所谓的成功里面。所以我希望给你一个建议，人永远不要忘记自己第一天的梦想，你的梦想是世界上最伟大的事情，就是帮助别人成功。不能走到后面以后又改回来，所以这是我想给你的建议。还有一个，你也不是很需要钱，这个项目在我看来，我整个听下来好的不能再好，你这个人讲得滴水不漏，你更像到这儿做宣传，而不是融资，这是我第二个怀疑，我也跟你讲真话。

16. 创业者的激情有的在表面上，有的在内心里。

《赢在中国》选手简介

扈劲松，男，1970年出生，本科，财务电算化专业。

参赛项目

曲线地板，打破“直线地板”一统天下的格局，实现“临水而居”的铺地效果，在全球消费者追求个性、时尚的家居时代，满足原本存在又快速形成的巨大消费群体。

现场回放

马　云：你能给我描绘一下十年以后你的公司会怎样？

扈劲松：以前想过，十年以后我们会成为一个国际化专业的地板营销公司，这是一个宏观的概念。它会拥有一个比较健全的销售网络，会在管理上有一个比较国际化的团队，务实和认真。我们的生产可能中国设两个厂，非洲设一个厂，可能会在欧洲设一个厂，欧洲毕竟是世界上最大的木材出口国，中国才是第二。我们会根据哪里有市场、哪里建工厂，用这么一个模式巩固销售网络和建设自己的特产基地。原料的问题，平时木材挺缺，原料是一个大问

马云语录

唐僧是一个能力一般的领导者，但他是一个好的领导者，他有自己的目标——取经，并一直坚信能够实现；孙悟空是个本领高强的业务骨干，但缺点也很多，让领导者很为难；八戒业务能力有限，但忠心耿耿——关键时刻保师傅；沙僧8小时工作制，到了点就挑担子。

马云语录

如果认为我们是疯子请你离开，如果你专等上市请你离开；如果你带着不利于公司的个人目的，请你离开；如果你心浮气躁，请你离开。

题，有资金还要解决资源的问题。这是未来十年可以控制资源，又有网络、又有生产能力的公司。

马　云：你能告诉我十年以后挣多少钱?

扈劲松：十年以后挣多少钱我说不准，但是我知道我现在这两个店，北京一个、大连一个，这两个店，北京店挣得少点，1万块钱，大连3万块钱，我过了五一之后大概有22个店就开业了，还有4间正在装潢。

马　云：你怎么看反对森林砍伐，你如何对环保分子解释对树木的砍伐环保问题?

扈劲松：这问题挺难的。

马　云：我知道很难。

扈劲松：这样解释，两方面解释：第一个，我在从事地板之前，对树特别心疼，一到森林、到林业局去看，局长批一个条子，几卡车就拉走了。他们跟我讲，树有树龄，树长得很高，影响旁边小树的成长，它长到24年的时候，你不去砍伐，中间就变空了，自己就倒了，大森林有很多树有树龄的。国家有规定，达到一定树龄的树要砍伐，这是第一个。第二个，我现在做的地板，实木地板是两头在外，我都是用俄罗斯、远东的。我后来知道，日本不砍伐自己国家一棵树，他把树沉到海底。他们从中国大兴安岭伐了几十年，他沉到海底去。我们现在是两头在外，俄罗斯和远东，基本被中国人买下来了，只要出口的实木项目，我们都用俄罗斯的。比方说像美国、意大利喜欢国外的树种，我们都买马来西亚和南非的树材。

马　云：你觉得你这个企业最大的问题会是什么？

扈劲松：将来最大的问题是资源，一定要有自己的资源。没有资源只有生产能力，再好的营销团队，也是巧妇难为无米之炊。再好的设备，数控设备做不出来也不行，我只要用资源，像上海企业家一样，他在新加坡种树，一年成长，将来用这批再种那批，我没有能力考虑资源，问我十年之后那就是十年之后的事情。

马　云：你的对手是什么，谁会成为你们企业的对手？

扈劲松：假冒伪劣，因为这个技术国外生产不了。

马　云：这是外形专利是吗？

扈劲松：法律不一样，中国有发明创造、使用和外观，发明创造这种产品谈不上，如果讲的是实用性，实用性像化学药品一样，稍微多放一点水就是另外一个了，很难控制。地板就是那种

马云语录

三年以前我送一个同事去读 MBA，我跟他说，如果毕业以后你忘了所学的东西，那你已经毕业了。如果你天天还想着所学的东西，那你就还没有毕业。学习 MBA 的知识，但要跳出 MBA 的局限。

> **马云语录**
>
> 我们公司是每半年一次评估，评下来，虽然你的工作很努力，也很出色，但你就是最后一个，非常对不起，你就得离开。在两个人和两百人之间，我只能选择对两个人残酷。

曲线的铺地效果，在中国注册外观，我们又注册的实用性，这是中国法律。欧盟不是这样，所有国家之间执行一个法律，他那个国家只有发明创造和工艺设计，不叫外观设计，我们取得欧盟25个国家的专利设计，专利期25年。6月份下来之后，美国保护15年，一般没法和中国地板企业打。

马　云：你目前是不是需要很多现金买材料，押钱这些东西。

扈劲松：如果做国内市场，资金押得非常大，三十多个品种，大概就是100多万。出口不用，出口可以调动资源，一个星期加工完，五天之内汇款，出口压力很小，我一直崇尚做出口，出口木材又不浪费国家资源。国内刚刚开始起步，做了两个店，北京单店不如地市级单店赚钱，想在北京多开一点店，在地市建旗舰店，效果不一样。北京地方大，地方有一两个旗舰店效果非常好，北京、上海、广州都建点，把好的优势的地方都建起来。

马　云：我想问一下如果有500万的投资给你的话，你准备怎么去分配这500万的投资？

扈劲松：500万不够。如果有的话是这样分配的，我会再做两台设备，使产量达到每年增加110万平方米，那么增加110万平方米，每台设备要配流动资金，目前是140万，一台设备做软生产，如果500万，两台240万，不够。还需要备用金，差一分钱都不行，500万肯定不够。

马云语录

我认为，员工第一，客户第二。没有员工，就没有这个网站。也只有员工开心了，客户才会开心。而客户们对员工鼓励又会让他们像发疯一样去工作，这就使得我们的网站不断地发展。

马　云：现在有银行贷款吗？

扈劲松：没有，全是自己借的。

马　云：还有一个问题，这个宣传小册子做给谁看，代理商看，客户看，评委看？

扈劲松：这是我做日本代理的时候，一个公司的名字，现在改成吉林劲松木业，小册子是给消费者用的。

马云点评

扈劲松，我觉得你很实在，很有激情，创业者的激情有的在表面上，有的在内心里，我看到你讲地板的时候，尽管我并不觉得怎么样，但是我觉得这种激情可以感觉得出来，创业者最优秀的是真诚，永远是做自己，很好。我为什么不投你这个项目，这个项目是充满着红海，充满着竞争，给你一个建议，你要多注意细节，你这里的问题很多很多。你既然到国外找买家、卖家，多关注这些细节，所以这个是我想给你的建议，我还是觉得你能够做，但是要考虑到这个行业将来的发展。刚才熊晓鸽讲，如果你这个是一个地板的木材的取代品的话，可能这个项目就不一样。

图书在版编目（CIP）数据

一代会胜过一代：创业，且听马云说了什么 / 优米网编. — 北京：文化艺术出版社，2011.4
ISBN 978-7-5039-5031-5
Ⅰ. ①一… Ⅱ. ①优… Ⅲ. ①成功心理－青年读物 Ⅳ. ①B848.4-49

中国版本图书馆CIP数据核字（2011）第053083号

一代会胜过一代
创业，且听马云说了什么

编　　者　优米网
责任编辑　斯　日
责任校对　崔建文
装帧设计　子君妈
出版发行　文化艺术出版社
地　　址　北京市东城区东四八条52号　100700
网　　址　www.whyscbs.com
电子邮箱　whysbooks@263.net
电　　话　（010）84057666 84057660 （总编室）
　　　　　（010）84057696 84057698 （发行部）
经　　销　新华书店
印　　刷　国英印务有限公司
版　　次　2011年6月第1版
印　　次　2011年6月第1次印刷
开　　本　700×1000mm　1 / 16
印　　张　16.25
字　　数　180千字
印　　数　20000册
书　　号　ISBN 978-7-5039-5031-5
定　　价　28.00 元